超《ちょう》絵《え》解《かい》本《ぼん》

絵と図《ず》でよくわかる

宇《う》宙《ちゅう》の終《お》わり

星《ほし》も銀《ぎん》河《が》も永《えい》遠《えん》ではない

はじめに

命《いのち》あるものは，いつか必《かなら》ずその生涯《しょうがい》を終《お》えます。
同《おな》じように，地球《ちきゅう》や太陽《たいよう》も，やがて寿命《じゅみょう》をむかえます。

無数《むすう》の星々《ほしぼし》で構成《こうせい》される銀河《ぎんが》，
さらにはブラックホールも永遠《えいえん》ではありません。
そして遠《とお》い将来《しょうらい》，宇宙《うちゅう》も終《お》わりをむかえると考《かんが》えられています。

宇宙《うちゅう》の終焉《しゅうえん》については，さまざまなシナリオが考《かんが》えられています。
「ほとんど空《から》っぽになる」「1点《てん》に収縮《しゅうしゅく》してつぶれる」など，
私《わたし》たちの想像《そうぞう》をこえるものばかりです。
宇宙《うちゅう》の突然死《とつぜんし》も，確率《かくりつ》は非常《ひじょう》に低《ひく》いけれど，否定《ひてい》できないといいます。
一方《いっぽう》で，「宇宙《うちゅう》は生《う》まれ変《か》わっている」という説《せつ》もあります。

この本《ほん》は，最新《さいしん》の科学《かがく》をもとに予想《よそう》される「宇宙《うちゅう》の終《お》わり」を，
気《き》が遠《とお》くなるほど壮大《そうだい》な時系列《じけいれつ》で紹介《しょうかい》していきます。
はるか未来《みらい》の宇宙《うちゅう》の最期《さいご》にせまっていきましょう！

3 宇宙《うちゅう》の死《し》と再生《さいせい》

4 可能性《かのうせい》ゼロではない宇宙《うちゅう》の突然死《とつぜんし》

5　宇宙《うちゅう》の未来《みらい》を占《うらな》う最新研究《さいしんけんきゅう》

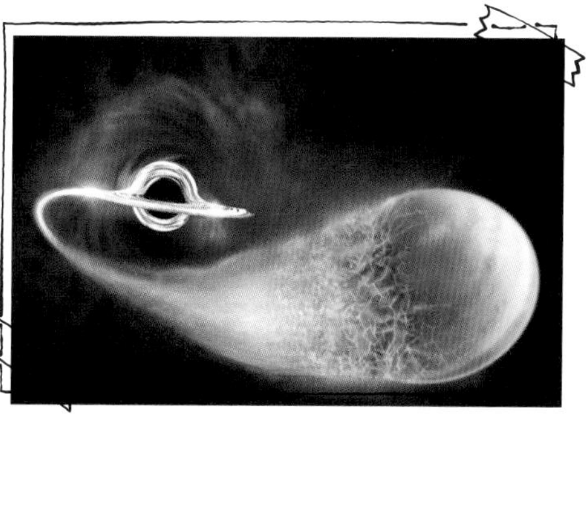

プロローグ

ダイジェスト

宇宙誕生《うちゅうたんじょう》から現在《げんざい》まで

宇宙《うちゅう》の歴史《れきし》をみてみよう

このイラストは，**時間《じかん》の経過《けいか》とともに宇宙《うちゅう》がどのように変化《へんか》したかをあらわす模式図《もしきず》（時空図《じくうず》）**です。宇宙初期《うちゅうしょき》の時代《じだい》，とくに誕生《たんじょう》から38万年後《まんねんご》までを拡大《かくだい》してえがいています。

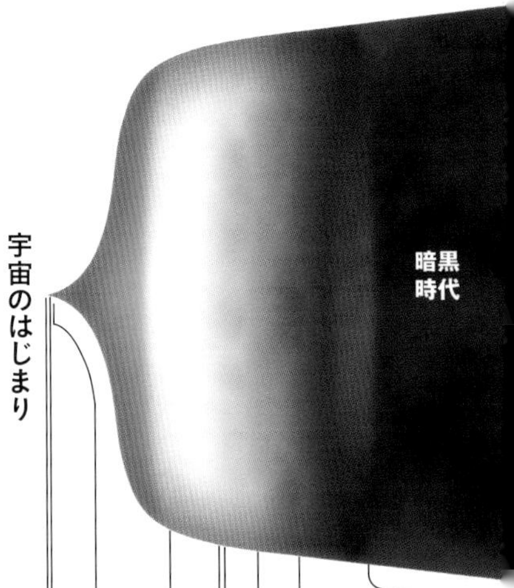

プ※ランク時代

10^{-36} 秒後〜10^{-34} 秒後

インフレーション
一瞬の間に，宇宙の大きさが10^{-26}センチメートルから100メートルに巨大化しました。

10^{-27} 秒後

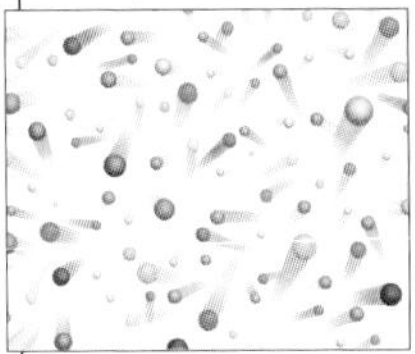

ビッグバンのはじまり
物質をつくる素粒子が爆発的に生まれました。素粒子がはげしく飛びまわったため，宇宙は灼熱状態になりました。

10^{-12} 秒後

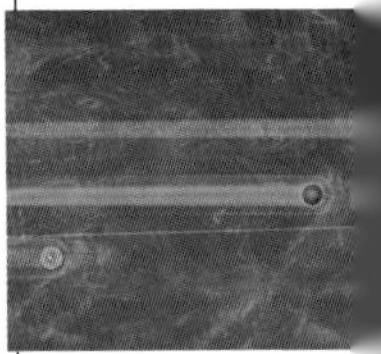

ヒッグス場の性質が変化した
（光子やグルーオン以外の）素粒子が動きにくくなりました。

重力

10^{-43}秒後，重力が区別できるようになった。

電磁気力

強い力が区別できるようになった。

電磁気力と弱い力が区別できるようになった。

強い力

※：宇宙誕生から10^{-43}秒（プランク時間）後までの時代。現在の物理学ではまだ解明できていない謎の時代です。

10^{-10} 秒後

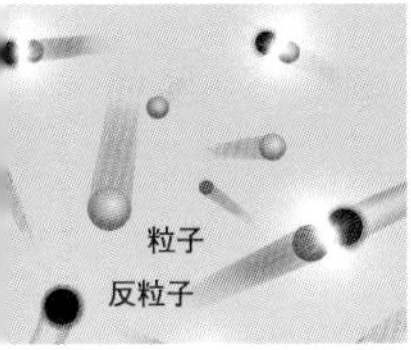

粒子が反粒子より多くなった
このため，反粒子は，少量の粒子を残し，4秒後までに消失します。

1 秒後

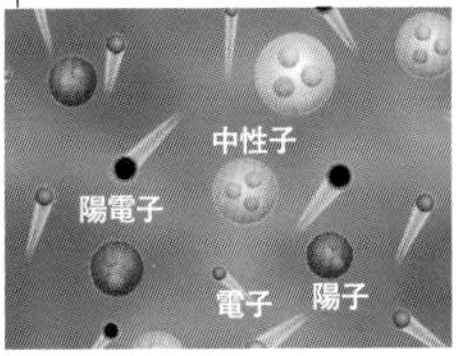

1秒後の宇宙の姿
10^{-5}（10万分の1）秒後，陽子と中性子ができました。1秒後の宇宙にあったのは，陽子・中性子・電子・陽電子です。

3 分後

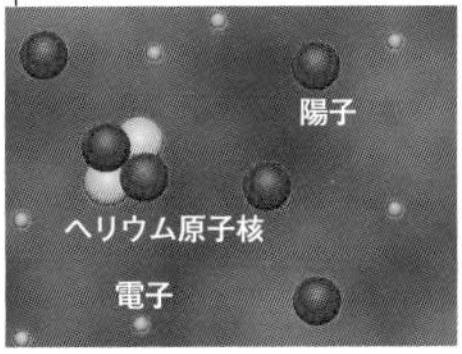

軽い原子核の誕生
中性子が陽子に取りこまれてヘリウム原子核などの軽い原子核ができました。陽子はそのままで水素の原子核になります。

38 万年後

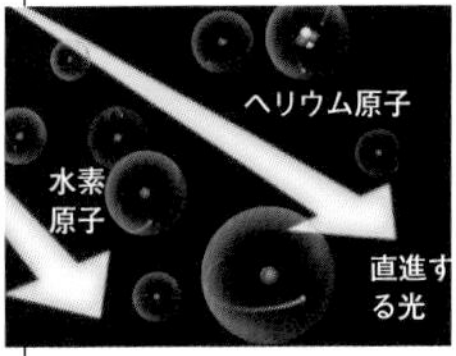

原子の誕生（宇宙の晴れ上がり）
原子核に電子がとらえられ，水素原子やヘリウム原子ができ，光が直進できるようになりました。

弱い力

プロローグ

太陽《たいよう》の死《し》，宇宙《うちゅう》の死《し》，そして宇宙《うちゅう》の転生《てんせい》

宇宙《うちゅう》の終《お》わりには，さまざまな説《せつ》がある

太《たい》陽《よう》は将来《しょうらい》，どんどん大《おお》きくなって惑星《わくせい》たちを飲《の》みこみ，その後《ご》，燃《も》えつきて死《し》をむかえると考《かんが》えられています（1章《しょう》）。

宇宙《うちゅう》自体《じたい》の終《お》わり方《かた》で最《もっと》も有《ゆう》力《りょく》とされるシナリオは，「宇宙《うちゅう》は，ほとんど空《から》っぽになる」というものです。また，死《し》をむかえたあと，新《あたら》しい宇宙《うちゅう》に“転生《てんせい》”するという説《せつ》もあります（3章《しょう》）。

宇宙《うちゅう》の未来《みらい》の例《れい》

これらのほかにも，さまざまなシナリオが考《かんが》えられています。

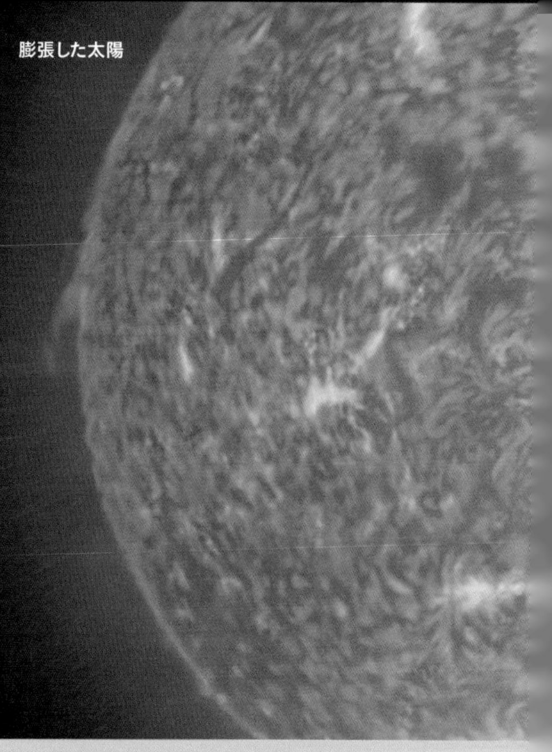

膨張した太陽

現在の太陽

死《し》へと向《む》かう太陽《たいよう》

太陽《たいよう》は将来《しょうらい》，大《おお》きくふくれあがると考《かんが》えられています。そして最終的《さいしゅうてき》に，太陽《たいよう》は死《し》をむかえることになります。

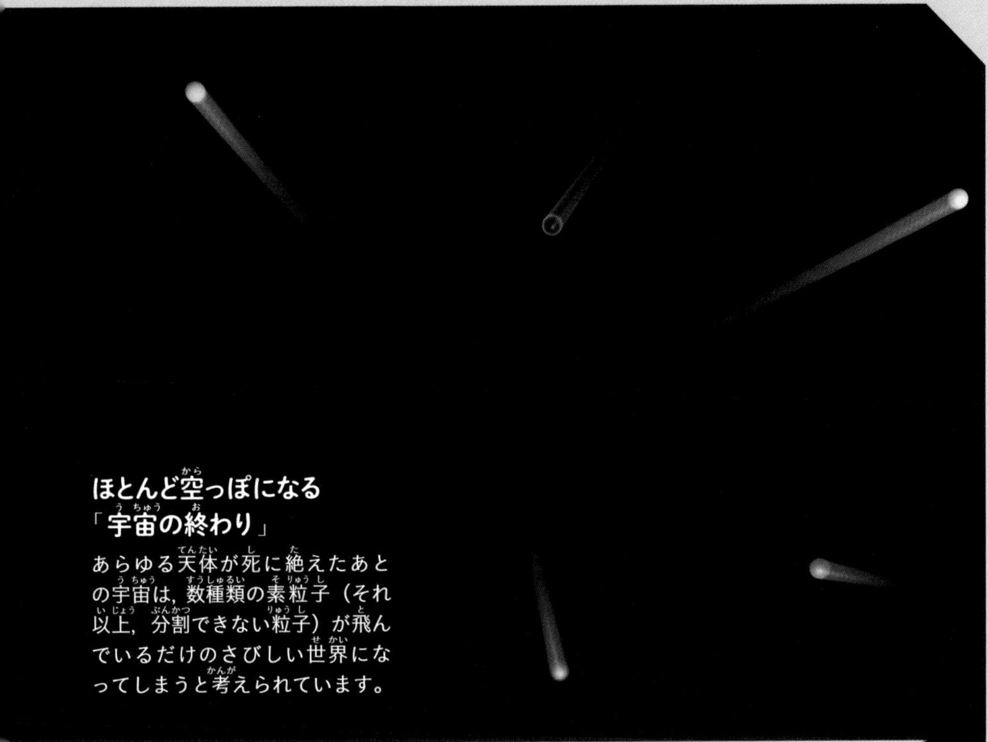

ほとんど空《から》っぽになる「宇宙《うちゅう》の終《お》わり」

あらゆる天体《てんたい》が死《し》に絶《た》えたあとの宇宙《うちゅう》は，数種類《すうしゅるい》の素粒子《そりゅうし》（それ以上《いじょう》，分割《ぶんかつ》できない粒子《りゅうし》）が飛《と》んでいるだけのさびしい世界《せかい》になってしまうと考《かんが》えられています。

転生《てんせい》する宇宙《うちゅう》

宇宙《うちゅう》は収縮《しゅうしゅく》して死《し》をむかえたあと，新《あたら》しい宇宙《うちゅう》に生《う》まれ変《か》わる，という説《せつ》もあります。

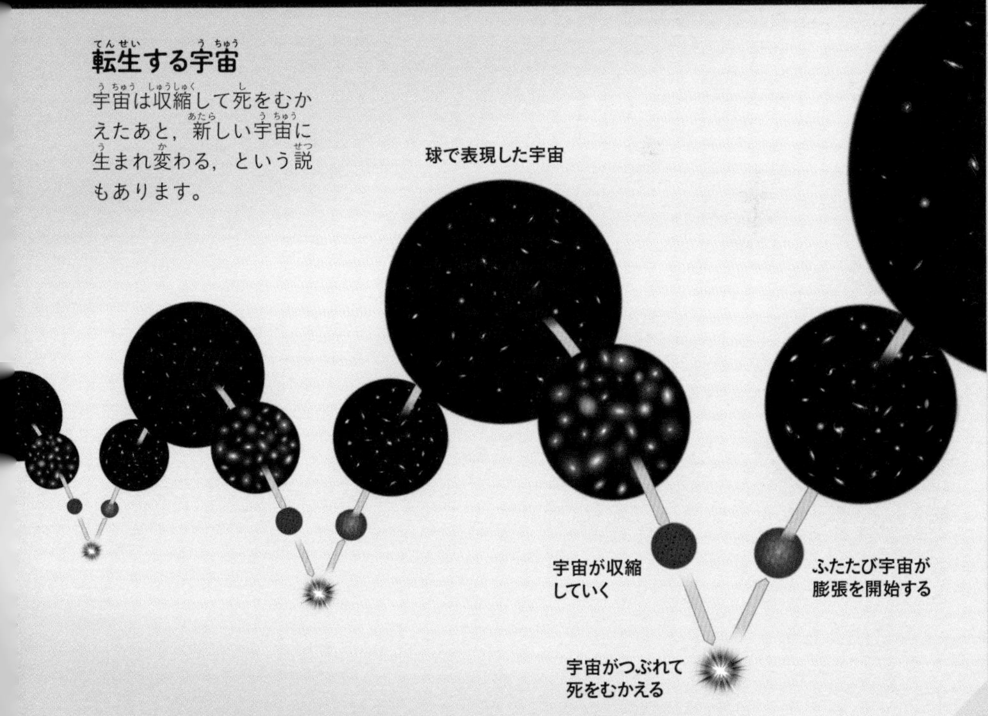

1

太陽系《たいようけい》の終《お》わり

太陽系《たいようけい》は，今《いま》からおよそ46億年前《おくねんまえ》につくられたと考《かんが》えられています。地球上《ちきゅうじょう》の多《おお》くの生《い》き物《もの》は太陽《たいよう》からの恵《めぐ》みを受《う》けて生《い》きていますが，残念《ざんねん》ながら太陽《たいよう》にも寿命《じゅみょう》があります。1章《しょう》では，太陽《たいよう》の未来《みらい》，そして太陽系《たいようけい》が終《お》わりをむかえるまでをみていきましょう。

太陽系の終わり

太陽系《たいようけい》は46億年前《おくねんまえ》につくられた

母体《ぼたい》はガスとちりからなる巨大《きょだい》な分子雲《ぶんしうん》

太陽系《たいようけい》は約《やく》46億年前《おくねんまえ》に，ガスと固体《こたい》のちりからなる「分子雲《ぶんしうん》」によって形成《けいせい》されました。**分子雲《ぶんしうん》は，現在《げんざい》の太陽系《たいようけい》の100倍以上《ばいいじょう》も大《おお》きかったと考《かんが》えられています。**この巨大《きょだい》な雲《くも》が何《なん》らかのきっかけで収縮《しゅうしゅく》をはじめました。球状《きゅうじょう》だった雲《くも》は徐々《じょじょ》に横向《よこむ》き方向《ほうこう》に引《ひ》きのばされ，やがて平《ひら》べったい原始太陽系円盤《げんしたいようけいえんばん》が誕生《たんじょう》します。

収縮《しゅうしゅく》はさらにつづき，その過程《かてい》でちりが衝突《しょうとつ》・合体《がったい》しながら成長《せいちょう》。大《おお》きさ数《すう》キロメートルほどの微惑星《びわくせい》になります。さらに微惑星《びわくせい》どうしの衝突《しょうとつ》・合体《がったい》もくりかえされ，原始惑星《げんしわくせい》が形成《けいせい》されました。

原始惑星《げんしわくせい》は星雲《せいうん》のガスを引《ひ》きつけて大気《たいき》をつくり，独自《どくじ》の進化《しんか》をとげます。やがて，円盤《えんばん》のガスは太陽系《たいようけい》の外《そと》に吹《ふ》き払《はら》われてしまいました。その後《ご》，地球《ちきゅう》では内部《ないぶ》から噴出《ふんしゅつ》したガスをもとに大気《たいき》がつくられ，生命《せいめい》がはぐくまれていったのです。

4. ガス円盤誕生後《えんばんたんじょうご》，数十万年《すうじゅうまんねん》。円盤《えんばん》の中《なか》にちりが集《あつ》まり，直径数《ちょっけいすう》キロメートル程度《ていど》の微惑星《びわくせい》が約《やく》100億個《おくこ》できます。

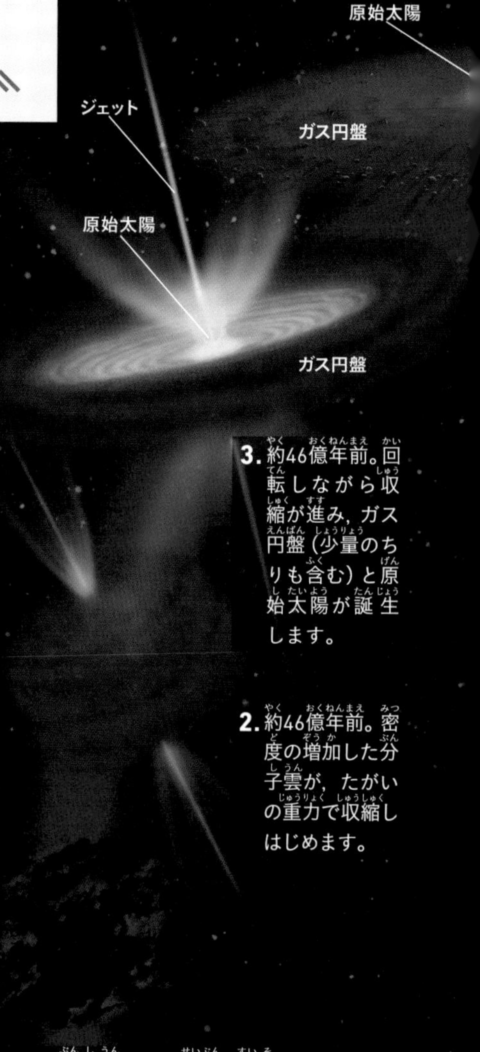

3. 約《やく》46億年前《おくねんまえ》。回転《かいてん》しながら収縮《しゅうしゅく》が進《すす》み，ガス円盤《えんばん》（少量《しょうりょう》のちりも含《ふく》む）と原始太陽《げんしたいよう》が誕生《たんじょう》します。

2. 約《やく》46億年前《おくねんまえ》。密度《みつど》の増加《ぞうか》した分子雲《ぶんしうん》が，たがいの重力《じゅうりょく》で収縮《しゅうしゅく》しはじめます。

1. 分子雲《ぶんしうん》はガス成分《せいぶん》（水素《すいそ》・ヘリウム）と固体成分《こたいせいぶん》（ちり）からなります。

5. ガス円盤誕生《えんばんたんじょう》後《ご》，約《やく》100万年《まんねん》。微惑星《びわくせい》が衝《しょう》突《とつ》・合体《がったい》をくりかえし，火星《かせい》サイズ（直径《ちょっけい》で地球《ちきゅう》の約半分《やくはんぶん》）の原始惑星《げんしわくせい》に成長《せいちょう》します。

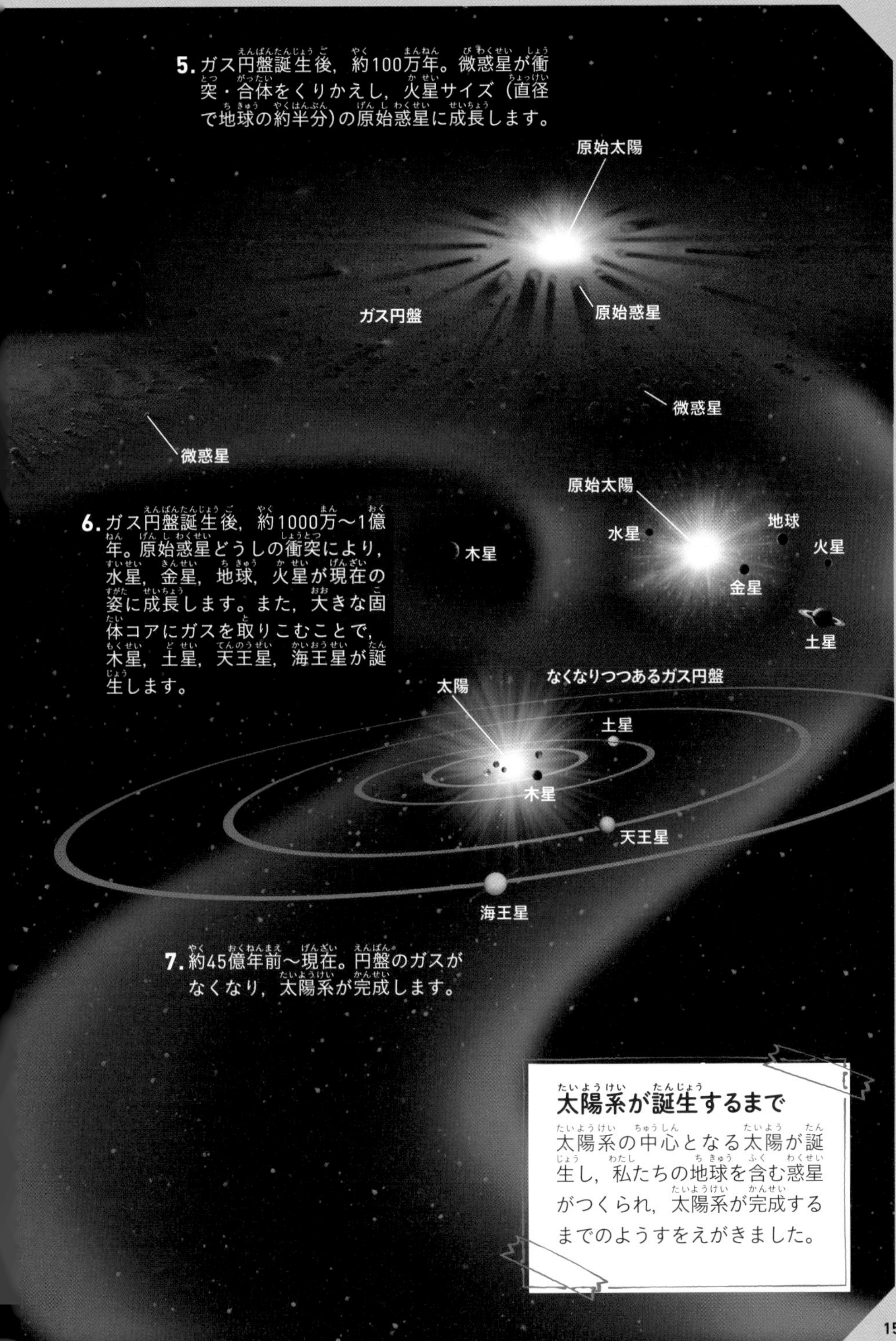

6. ガス円盤誕生《えんばんたんじょう》後《ご》，約《やく》1000万《まん》～1億《おく》年《ねん》。原始惑星《げんしわくせい》どうしの衝突《しょうとつ》により，水星《すいせい》，金星《きんせい》，地球《ちきゅう》，火星《かせい》が現在《げんざい》の姿《すがた》に成長《せいちょう》します。また，大《おお》きな固《こ》体《たい》コアにガスを取《と》りこむことで，木星《もくせい》，土星《どせい》，天王星《てんのうせい》，海王星《かいおうせい》が誕《たん》生《じょう》します。

7. 約《やく》45億年前《おくねんまえ》～現在《げんざい》。円盤《えんばん》のガスがなくなり，太陽系《たいようけい》が完成《かんせい》します。

太陽系《たいようけい》が誕生《たんじょう》するまで

太陽系《たいようけい》の中心《ちゅうしん》となる太陽《たいよう》が誕《たん》生《じょう》し，私《わたし》たちの地球《ちきゅう》を含《ふく》む惑星《わくせい》がつくられ，太陽系《たいようけい》が完成《かんせい》するまでのようすをえがきました。

20億年後《おくねんご》，太陽《たいよう》は1.2倍《ばい》の明《あか》るさに

地球《ちきゅう》の温度《おんど》はどんどん上昇《じょうしょう》し，灼熱《しゃくねつ》の大地《だいち》と化《か》す

約《やく》46億年前《おくねんまえ》に誕生《たんじょう》した原始太陽《げんしたいよう》は，現在《げんざい》の70%程度《ていど》の明《あか》るさしかなかったと考《かんが》えられています。太陽《たいよう》は長《なが》い年月《ねんげつ》をかけてゆっくりと輝《かがや》きを増《ま》してきたのです。

この増光《ぞうこう》は今後《こんご》もつづくとみられ，20億年後《おくねんご》の太陽《たいよう》は現在《げんざい》の1.2倍《ばい》，60億年後《おくねんご》には2倍《ばい》もの明《あか》るさになると考《かんが》えられています。

太陽《たいよう》が明《あか》るさを増《ま》すにつれて，地球《ちきゅう》の気温《きおん》はどんどん上昇《じょうしょう》していきます。いずれ海《うみ》は完全《かんぜん》に干上《ひあ》がり，地球《ちきゅう》は灼熱《しゃくねつ》の大地《だいち》と化《か》してしまうでしょう。こうして地球《ちきゅう》は，生命《せいめい》の滅亡《めつぼう》した“死《し》の星《ほし》”になってしまうのです。

明《あか》るさを増《ま》した太陽《たいよう》と灼熱《しゃくねつ》化《か》した地球《ちきゅう》

20億年後《おくねんご》の地球《ちきゅう》と，空《そら》に浮《う》かぶ太陽《たいよう》のイメージをえがきました。現在《げんざい》の1.2倍《ばい》の明《あか》るさの太陽《たいよう》のもとに，灼熱《しゃくねつ》の大地《だいち》が広《ひろ》がっています。

太陽系の終わり

太陽《たいよう》がしだいに明《あか》るくなる理由《りゆう》

太陽《たいよう》の中心部《ちゅうしんぶ》がちぢむため

太陽《たいよう》が明《あか》るくなっていく原因《げんいん》は，太陽中心部《たいようちゅうしんぶ》でおきている「核《かく》融合反応《ゆうごうはんのう》」にあります。核融合反応《かくゆうごうはんのう》をおこすのは，太陽《たいよう》の質量《しつりょう》の70％を占《し》める水素《すいそ》です。

太陽《たいよう》はガスのかたまりです。現在《げんざい》の太陽《たいよう》の中心部《ちゅうしんぶ》の温度《おんど》は，1500万《まん》℃にも達《たっ》します。超高温《ちょうこうおん》・超高圧環境《ちょうこうあつかんきょう》である中心部《ちゅうしんぶ》では，原子核《げんしかく》（陽子《ようし》※1）と電子《でんし》がばらばらに飛《と》びかい，原子《げんし》核《かく》どうしの衝突《しょうとつ》でより重《おも》い原子核《げんしかく》がつくられることがあります。これが核融合反応《かくゆうごうはんのう》です。

水素《すいそ》の核融合反応《かくゆうごうはんのう》がおきると，最《さい》終的《しゅうてき》にヘリウム原子核《げんしかく》が生成《せいせい》されます。この過程《かてい》で膨大《ぼうだい》なエネルギーが放出《ほうしゅつ》され，太陽《たいよう》を輝《かがや》かせます。

1個《こ》のヘリウム原子核《げんしかく》が生《しょう》じるには，4個《こ》の水素原子核《すいそげんしかく》が必要《ひつよう》です。核《かく》融合反応《ゆうごうはんのう》の進行《しんこう》とともに中心部《ちゅうしんぶ》の粒《りゅう》子《し》は減《へ》り，圧力《あつりょく》が減少《げんしょう》して縮小《しゅくしょう》していきます。その結果《けっか》，中心部《ちゅうしんぶ》の温度《おんど》が上昇《じょうしょう》し，核融合反応《かくゆうごうはんのう》のいきおいが増《ま》して，太陽《たいよう》が明《あか》るくなっていくのです。

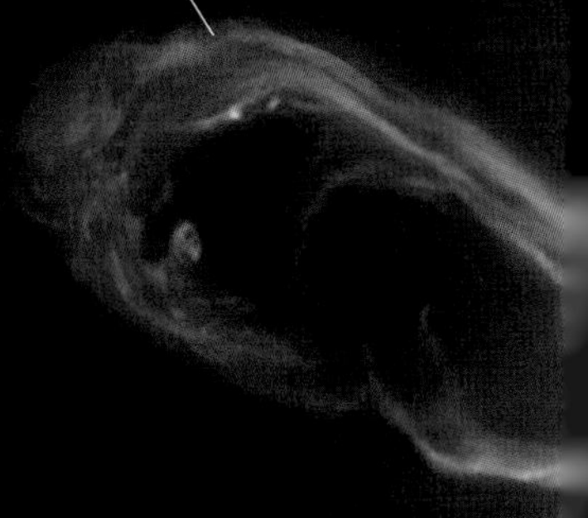

プロミネンス
彩層から噴き上がる大規模なガスの炎。

水素《すいそ》の核融合反応《かくゆうごうはんのう》で輝《かがや》く太陽《たいよう》

太陽《たいよう》の内部構造《ないぶこうぞう》。超高温《ちょうこうおん》・超高《ちょうこう》圧《あつ》の中心部《ちゅうしんぶ》では，太陽《たいよう》の主成分《しゅせいぶん》である水素《すいそ》の原子核《げんしかく》が核融合反《かくゆうごうはん》応《のう》をおこします。このときに膨《ぼう》大《だい》なエネルギーが放出《ほうしゅつ》され，熱《ねつ》と光《ひかり》が生《しょう》じるのです。

※1：水素の原子核は1個の陽子でできています。水素の原子核どうしが合体すると，陽子2個の原子核ができます。陽子2個の原子核をもつ元素は，原子番号2のヘリウム（元素記号He）です。

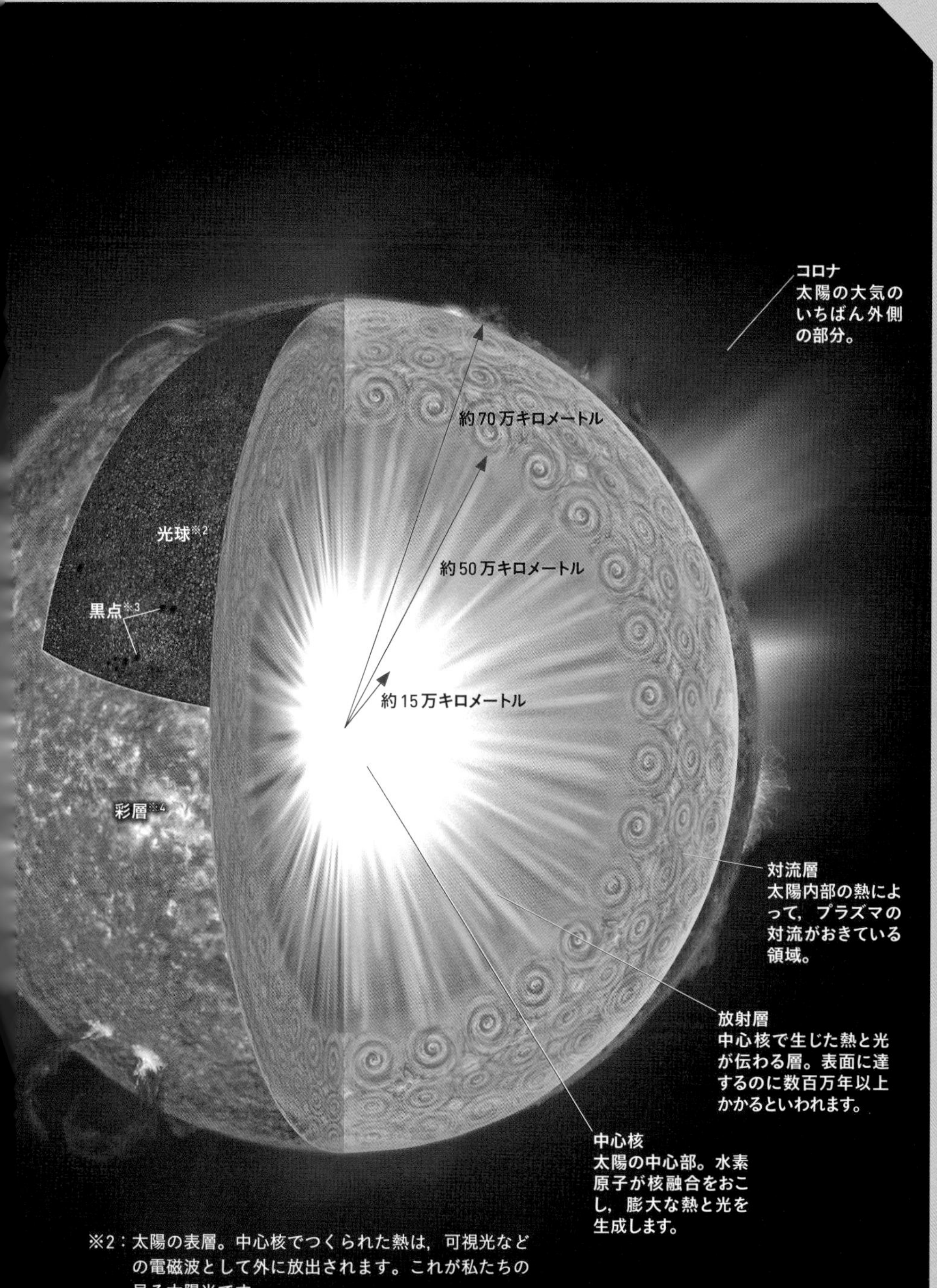

※2：太陽の表層。中心核でつくられた熱は，可視光などの電磁波として外に放出されます。これが私たちの見る太陽光です。

※3：光球にあらわれる黒い点状の部分。周囲より温度が低いため，黒く見えます。

※4：光球のさらに外側の層。

太陽系の終わり

45億年後《おくねんご》，二《ふた》つの銀河《ぎんが》が大衝突《だいしょうとつ》！

大量《たいりょう》の恒星《こうせい》が誕生《たんじょう》し，夜空《よぞら》に輝《かがや》きが増《ま》す

私《わたし》たちの太陽系《たいようけい》がある「天《あま》の川銀河《がわぎんが》」には，数千億個《すうせんおくこ》もの恒星《こうせい》※が輝《かがや》きを放《はな》っています。そして，天《あま》の川銀河《がわぎんが》から約《やく》250万光年《まんこうねん》はなれた「アンドロメダ銀河《ぎんが》」には，およそ1兆個《ちょうこ》もの恒星《こうせい》があります。**これら二《ふた》つの銀河《ぎんが》は，実《じつ》はたがいの重力《じゅうりょく》によって急速《きゅうそく》に近《ちか》づいており，およそ45億年後《おくねんご》には大《だい》衝突《しょうとつ》をおこすと考《かんが》えられています。**

衝突《しょうとつ》がおきると，銀河内《ぎんがない》のガスが圧縮《あっしゅく》され，大量《たいりょう》の恒星《こうせい》が誕生《たんじょう》します。現在《げんざい》の天《あま》の川銀河《がわぎんが》では，太《たい》陽《よう》ほどの質量《しつりょう》の恒星《こうせい》が1年《ねん》に1個《こ》程度《ていど》生《う》まれていますが，衝突中《しょうとつちゅう》には100～1000倍《ばい》ものペースで恒《こう》星《せい》が生《う》まれるとされています。

なお，銀河内《ぎんがない》の恒星《こうせい》どうしは密《みっ》集《しゅう》地《ち》でも3000億《おく》キロメートルほどはなれており，銀河《ぎんが》が衝突《しょうとつ》しても，恒星《こうせい》どうしが衝突《しょうとつ》する可能性《かのうせい》は非常《ひじょう》に低《ひく》いと考《かんが》えられています。

※：太陽と同じように，みずからのエネルギーで輝く星。

250万光年《まんこうねん》はなれた“ご近所《きんじょ》”の銀河《ぎんが》

天《あま》の川銀河《がわぎんが》（左下《ひだりした》）とアンドロメダ銀河《ぎんが》（右下《みぎした》）をえがきました。アンドロメダ銀河《ぎんが》の星《ほし》の数《かず》や質量《しつりょう》は，天《あま》の川銀河《がわぎんが》の2倍程《ばいてい》度《ど》だと考《かんが》えられています。天《あま》の川銀河《がわぎんが》とアンドロメダ銀河《ぎんが》は，同じ「局所銀河群《きょくしょぎんがぐん》」に属《ぞく》しています。銀河群《ぎんがぐん》とは，銀河《ぎんが》が数十《すうじゅっ》個《こ》集《あつ》まった集団《しゅうだん》です。局所銀河群《きょくしょぎんがぐん》の中《なか》で最《もっと》も大《おお》きい銀河《ぎんが》がアンドロメダ銀河《ぎんが》で，2番目《ばんめ》に大《おお》きい銀河《ぎんが》が天《あま》の川銀河《がわぎんが》です。

アンドロメダ銀河（別名：M31）
直　径：約15万～22万光年
星の数：天の川銀河の2倍程度
　　　　（数千億個）
質　量：天の川銀河の2倍程度
形　状：渦巻銀河

注：銀河の質量には，星や星間ガスのほか，ダークマターの質量も
　　含みます。ダークマターについては，次ページで説明します。

アンドロメダ銀河

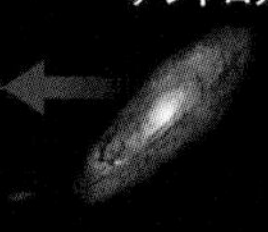

両銀河の距離は約250万光年

Column

コーヒーブレーク

銀河《ぎんが》と銀河《ぎんが》を接近《せっきん》させる“黒幕《くろまく》”とは

この宇宙《うちゅう》には，銀河《ぎんが》の接近《せっきん》と衝突《しょうとつ》をうながす“黒幕《くろまく》”がいます。その名《な》は「ダークマター（暗黒物質《あんこくぶっしつ》）」。直接見《ちょくせつみ》ることはできませんが質量《しつりょう》をもち，周囲《しゅうい》に重力《じゅうりょく》をおよぼすことから，間接的《かんせつてき》にその存在《そんざい》を知《し》ることができます。

ダークマターは，銀河《ぎんが》を包《つつ》みこむようにかたまって分布《ぶんぷ》していると考《かんが》えられています。ダークマターのかたまりは銀河《ぎんが》の大《おお》きさの10倍以上《ばいいじょう》とされ，その質量《しつりょう》は，その中《なか》にある銀河《ぎんが》の星《ほし》の合計質量《ごうけいしつりょう》の10倍以上《ばいいじょう》と考《かんが》えられています。**したがって銀河《ぎんが》の動《うご》きは，圧倒的質量《あっとうてきしつりょう》をもって銀河《ぎんが》を包《つつ》むダークマターの動《うご》きに左右《さゆう》されるのです。**

また，星《ほし》や銀河《ぎんが》は，ダークマターのかたまりである「ダークハロー」の中心付近《ちゅうしんふきん》でつくられたと考《かんが》えられています。

約《やく》138億年前《おくねんまえ》の誕生《たんじょう》して間《ま》もない宇宙空間《うちゅうくうかん》には，ダークマターも普通《ふつう》の物質《ぶっしつ》も，ほぼ一様《いちよう》に分布《ぶんぷ》していましたが，わずかな“むら”があったと考《かんが》えられています（**1**）。ダークマターがわずかに濃《こ》い部分《ぶぶん》は，周囲《しゅうい》よりも重力《じゅうりょく》がわずかに強《つよ》くなり，まわりの物質《ぶっしつ》を引《ひ》き寄《よ》せます（**2**）。そして，かたまり（ダークハロー）ができ，小《ちい》さな（軽《かる》い）ダークハローどうしが合体《がったい》して大《おお》きな（重《おも》い）ダークハローへと成長《せいちょう》します（**3**）。

ダークハローの中《なか》には，水素《すいそ》などの物質《ぶっしつ》が，高温《こうおん》の希薄《きはく》なガスとして，全体《ぜんたい》に広《ひろ》がっていたと考《かんが》えられています。このガスは周囲《しゅうい》にエネルギー（電磁波《でんじは》）を放出《ほうしゅつ》して，少《すこ》しずつ冷《ひ》えていきます。冷《ひ》えたガスはダークハローの中心付近《ちゅうしんふきん》に集《あつ》まり，星《ほし》をつくる材料《ざいりょう》となります。こうして最初《さいしょ》の星《ほし》が誕生《たんじょう》したといわれています（**4**）。

もしダークマターが存在《そんざい》しなかったら，星形成《ほしけいせい》に十分《じゅうぶん》な量《りょう》の物質《ぶっしつ》が集《あつ》まるまでに，もっと時間《じかん》がかかったと考《かんが》えられています。宇宙《うちゅう》誕生《たんじょう》からわずか138億年《おくねん》で，多種多様《たしゅたよう》な銀河《ぎんが》が存在《そんざい》する“にぎやか”な宇宙《うちゅう》ができあがったのは，ダークマターのおかげだといえます。

ダークマターに包《つつ》まれる銀河《ぎんが》たち

銀河《ぎんが》を包《つつ》むようにかたまりをつくるダークマターを，紫色《むらさきいろ》のガスのように表現《ひょうげん》しました。

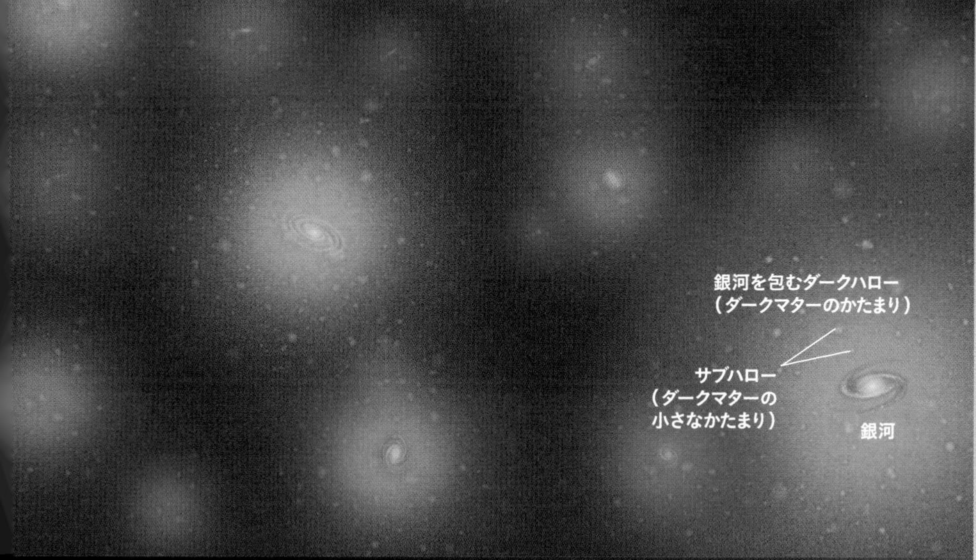

ダークハローの中《なか》で最初《さいしょ》の星《ほし》が生《う》まれる

ダークマターのかたまり（ダークハロー）の中《なか》で，高濃度《こうのうど》に集《あつ》まった物質《ぶっしつ》（ガス雲《うん》）から星《ほし》が生《う》まれるまでの過程《かてい》を示《しめ》しました。

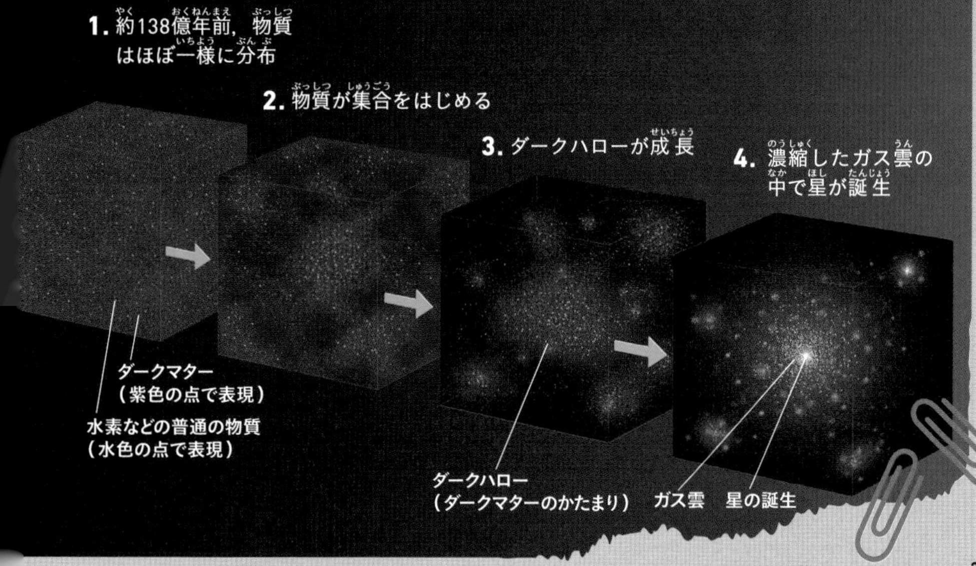

太陽系の終わり

60億《おく》年《ねん》後《ご》，太陽《たいよう》は大膨張《だいぼうちょう》を開始《かいし》

直径《ちょっけい》が現在《げんざい》のおよそ170倍《ばい》になる

巨大化《きょだいか》した太陽《たいよう》

赤色巨星《せきしょくきょせい》となって巨大化《きょだいか》した太陽《たいよう》を地球《ちきゅう》から見《み》た想像図《そうぞうず》。現在《げんざい》の太陽《たいよう》の直径《ちょっけい》は約《やく》140万《まん》キロメートルで，膨張《ぼうちょう》すると2億《おく》4000万《まん》キロメートルまで達《たっ》すると考《かんが》えられています。また，膨張《ぼうちょう》によって表面温度《ひょうめんおんど》は3000℃程度《ていど》まで下《さ》がるため，現在《げんざい》の太陽《たいよう》（表面《ひょうめん》は6000℃）よりも赤《あか》みをおびて見《み》えるでしょう。その明《あ》かりを受《う》け，地球《ちきゅう》や月《つき》は全体的《ぜんたいてき》に赤《あか》みをおびて見《み》えるかもしれません。

太《たい》陽《よう》の中心部《ちゅうしんぶ》では，核融合《かくゆうごう》の燃《ねん》料《りょう》である水素《すいそ》が，あと60億年《おくねん》ほどでつきてしまうと考《かんが》えられています。水素《すいそ》がつきると，太陽《たいよう》は急激《きゅうげき》にふくれはじめます。**20億年《おくねん》ほどかけて直径《ちょっけい》が現在《げんざい》のおよそ170倍《ばい》に膨《ぼう》張《ちょう》し，「赤色巨星《せきしょくきょせい》」になるのです。**

中心部《ちゅうしんぶ》の水素《すいそ》が燃《も》えつきると，核《かく》融合反応《ゆうごうはんのう》の次《つぎ》なる燃料《ねんりょう》はヘリウムになります。しかしこの段階《だんかい》では，太《たい》陽《よう》の中心部《ちゅうしんぶ》の温度《おんど》はヘリウムの核融《かくゆう》合《ごう》をおこす約《やく》1.5億《おく》℃にまでは達《たっ》していません。核融合《かくゆうごう》のエネルギー放《ほう》出《しゅつ》が収《おさ》まった中心部《ちゅうしんぶ》は，重力《じゅうりょく》による収縮《しゅうしゅく》をガスの圧力《あつりょく》でおさえられなくなり，一気《いっき》に収縮《しゅうしゅく》します。

すると中心部《ちゅうしんぶ》の温度《おんど》が急激《きゅうげき》に上《じょう》昇《しょう》して，今度《こんど》は中心部《ちゅうしんぶ》の周囲《しゅうい》に残《のこ》っていた水素《すいそ》が核融合反応《かくゆうごうはんのう》をおこしはじめます。こうして発生《はっせい》したエネルギーが，さらに外側《そとがわ》にあるガスを押《お》し広《ひろ》げて，太陽《たいよう》は大膨張《だいぼうちょう》するのです。

太陽系の終わり

巨大化《きょだいか》した太陽《たいよう》に水星《すいせい》と金星《きんせい》が飲《の》みこまれる

地球《ちきゅう》は太陽系《たいようけい》の外《そと》に投《な》げだされる?

太陽《たいよう》が大膨張《だいぼうちょう》して赤色巨星《せきしょくきょせい》になると（前《ぜん》ページ），太陽系《たいようけい》の惑《わく》星《せい》たちはどうなるのでしょう？

太陽《たいよう》は膨張《ぼうちょう》にともなって，大量《たいりょう》のガスを放出《ほうしゅつ》します。そのため太陽《たいよう》の重力《じゅうりょく》は弱《よわ》くなり，惑星《わくせい》の軌道《きどう》は現在《げんざい》よりも広《ひろ》がると考《かんが》えられます。しかしそれでも，**水星《すいせい》と金星《きんせい》はふくれあがった太陽《たいよう》から逃《に》げられずに，飲《の》みこまれてしまいます。飲《の》みこまれた惑星《わくせい》たちはやがて崩壊《ほうかい》し，蒸発《じょうはつ》してしまうでしょう。**

ふくれあがった太陽《たいよう》は，地球《ちきゅう》の軌《き》道《どう》にまでは達《たっ》しないと考《かんが》えられています。しかし，太陽《たいよう》の重力《じゅうりょく》の変動《へんどう》の影響《えいきょう》を受《う》けて，地球《ちきゅう》は太陽系《たいようけい》の外《そと》に投《な》げだされるかもしれません。

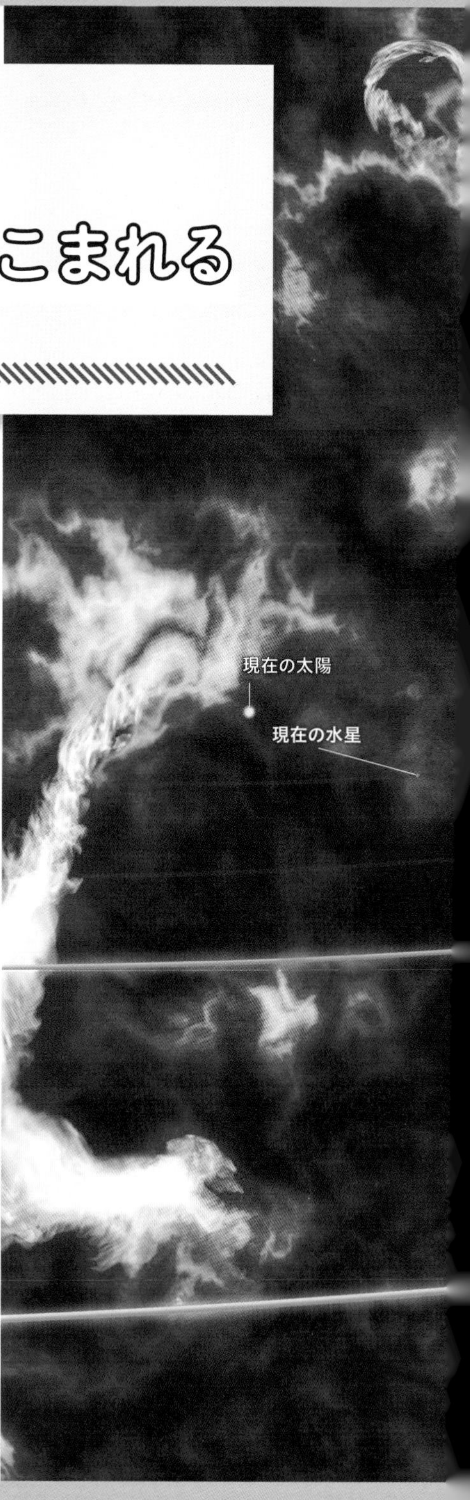

巨大化《きょだいか》した太陽《たいよう》と現在《げんざい》の惑星《わくせい》の軌道《きどう》

170倍《ばい》にふくれあがった太陽《たいよう》と，現在《げんざい》の惑星《わくせい》軌《き》道《どう》を比較《ひかく》したイラストです。なお，現在《げんざい》の太陽《たいよう》や惑星《わくせい》の大《おお》きさは誇張《こちょう》してえがいています。

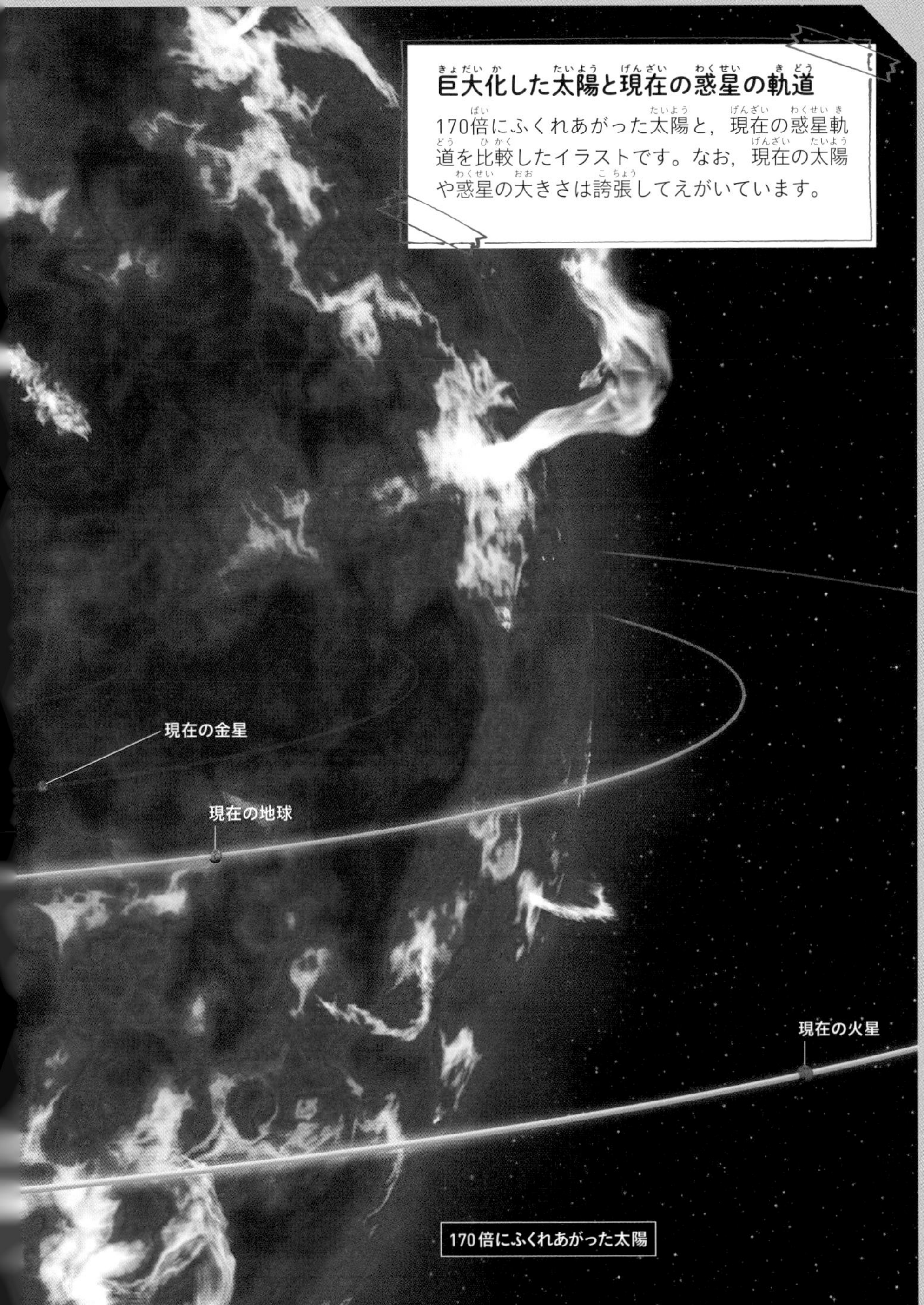

Column

コーヒーブレーク

爆発寸前《ばくはつすんぜん》といわれる恒星《こうせい》「ベテルギウス」

オリオン座《ざ》の「ベテルギウス」は2019年《ねん》の秋《あき》ごろから急速《きゅうそく》に暗《くら》くなりはじめ，2020年《ねん》1月《がつ》には1等星《とうせい》から2等星《とうせい》に格下《かくさ》げされました。ベテルギウスは明《あか》るさが変化《へんか》する「変光星《へんこうせい》」ですが，これほどまでに暗《くら》くなるのはきわめてめずらしいことです。

ベテルギウスは太陽《たいよう》よりもはるかに重《おも》く大《おお》きな「赤色超巨星《せきしょくちょうきょせい》」で，一生《いっしょう》の最期《さいご》に「超新星爆発《ちょうしんせいばくはつ》※」をおこすと考《かんが》えられています。そのため明《あか》るさの大《おお》きな変化《へんか》は，超新《ちょうしん》星爆発《せいばくはつ》の前《まえ》ぶれではないかという憶測《おくそく》が飛《と》びかいました。しかしその後《ご》，ベテルギウスは明《あか》るさを取《と》りもどしています。

暗《くら》くなった原因《げんいん》として，ベテルギウスから大量《たいりょう》の物質《ぶっしつ》が放出《ほうしゅつ》されてちりの雲《くも》となり，ベテルギウスのおよそ4分《ぶん》の1をおおったのではないか，という説《せつ》が有力視《ゆうりょくし》されています。

赤色超巨星《せきしょくちょうきょせい》の中心部《ちゅうしんぶ》では，核融《かくゆう》合反応《ごうはんのう》で鉄《てつ》がつくられ，圧力《あつりょく》と温《おん》度《ど》が高《たか》くなっていきます。ところが圧力《あつりょく》が高《たか》くなりすぎると中心部《ちゅうしんぶ》が崩壊《ほうかい》してしまいます。そして圧《あつ》力《りょく》が一瞬《いっしゅん》で急低下《きゅうていか》したあと，星全《ほしぜん》体《たい》が吹《ふ》き飛《と》ぶような爆発《ばくはつ》（II型《にがた》超《ちょう》新星爆発《しんせいばくはつ》）をおこすのです。

観測《かんそく》データをもとに計算《けいさん》を行《おこな》ったところ，ベテルギウスの中心部《ちゅうしんぶ》はまだこの段階《だんかい》に至《いた》っていません。最新《さいしん》の研究成果《けんきゅうせいか》では，超新星爆発《ちょうしんせいばくはつ》をおこすまでには10万年以上《まんねんいじょう》の余裕《よゆう》があると推定《すいてい》されています。

オリオン座《ざ》（上《うえ》の画像《がぞう》）の左上《ひだりうえ》にある赤《あか》い星《ほし》がベテルギウスです。

※：太陽の質量の8倍以上の重い星が，生涯の最期におこす大爆発。その明るさは，一つの恒星による現象であるにもかかわらず，膨大な数の恒星からなる銀河自体の明るさに匹敵します。

ベテルギウスの想像図《そうぞうず》

ベテルギウスから放出《ほうしゅつ》された物質《ぶっしつ》が，地球《ちきゅう》から見《み》てベテルギウスの一部《いちぶ》をおおいかくしたことで，一時的《いちじてき》に暗《くら》くなったと考《かんが》えられています。最新《さいしん》の観測《かんそく》では，ベテルギウスは太陽《たいよう》の16.5～19倍《ばい》の質量《しつりょう》をもち，半径《はんけい》は太陽《たいよう》の750倍《ばい》，距離《きょり》は太陽《たいよう》から530光年《こうねん》ほどであることがわかっています。

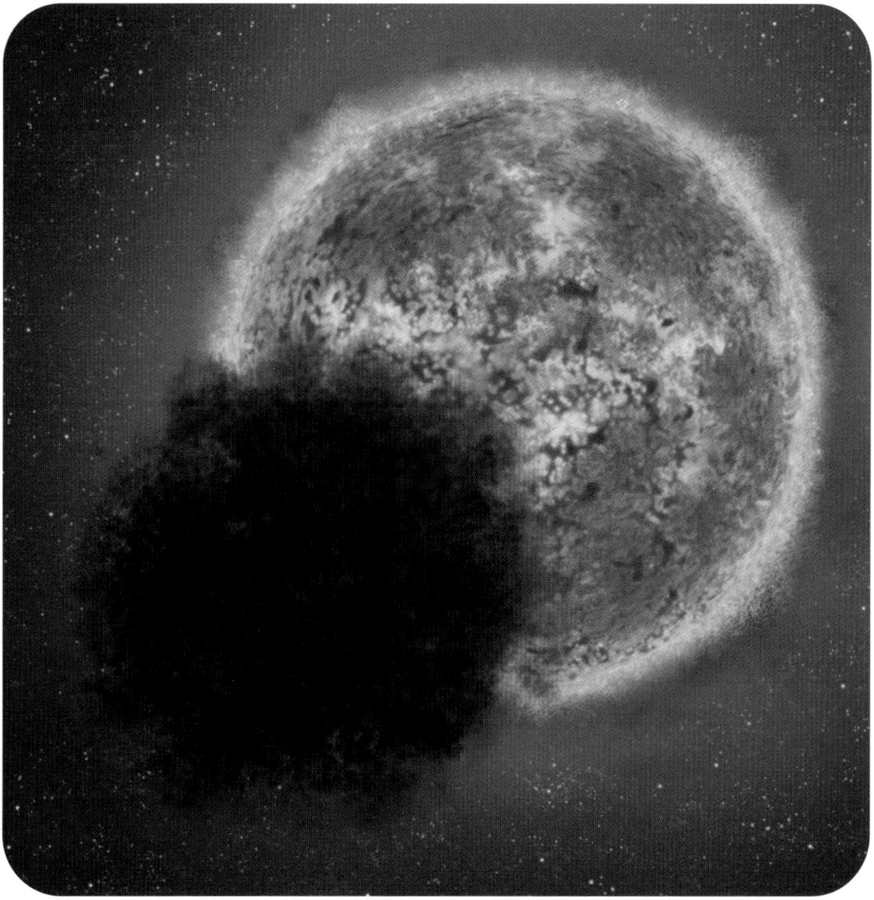

80億年後《おくねんご》，再膨張《さいぼうちょう》した太陽《たいよう》に地球《ちきゅう》が飲《の》みこまれる

太陽《たいよう》は，以前《いぜん》の大膨張《だいぼうちょう》をこえる大《おお》きさにふくれあがる

赤《せき》色巨星《しょくきょせい》として現在《げんざい》の約《やく》170倍《ばい》まで大膨張《だいぼうちょう》をとげた太《たい》陽《よう》ですが（24〜27ページ），太陽《たいよう》の進化《しんか》はこれで終《お》わりではありません。**今度《こんど》は急激《きゅうげき》な収縮《しゅうしゅく》に転《てん》じ，現在《げんざい》の10倍程度《ばいていど》の大《おお》きさにまでちぢんでしまうのです。**

太陽全体《たいようぜんたい》の収縮《しゅうしゅく》がはじまるのは今《いま》から80億年《おくねん》ほどあと。きっかけは，中心部《ちゅうしんぶ》の温度《おんど》が約《やく》1.5億《おく》℃に達《たっ》し，ヘリウムの核融合反応《かくゆうごうはんのう》がおこりはじめることです。ヘリウムの核融合反応《かくゆうごうはんのう》がはじまると，太陽《たいよう》の圧力《あつりょく》が安定《あんてい》し，膨張《ぼうちょう》が止《と》まります。そして広《ひろ》がっていたガスが重《じゅう》力《りょく》によってちぢみ，現在《げんざい》の10倍程《ばいてい》度《ど》の大《おお》きさにまでもどります。

しかし収縮《しゅうしゅく》もつかの間《ま》，**1億《おく》〜2億年後《おくねんご》には太陽《たいよう》の中心部《ちゅうしんぶ》でヘリウムが燃《も》えつき，太陽《たいよう》はふたたび大膨張《だいぼうちょう》をはじめます。**今度《こんど》は赤色《せきしょく》巨星《きょせい》よりもさらに大《おお》きい，「漸近《ぜんきん》巨星分枝星《きょせいぶんしせい》」になります。このときの大《おお》きさは現在《げんざい》の200倍《ばい》をこえ，600倍《ばい》に達《たっ》する可能性《かのうせい》もあるといいます。

この段階《だんかい》では，大量《たいりょう》のガスを放《ほう》出《しゅつ》してきたことで太陽《たいよう》の重力《じゅうりょく》が小《ちい》さくなり，地球《ちきゅう》の軌道《きどう》は今《いま》よりも広《ひろ》がっていると考《かんが》えられています。しかし，それを考慮《こうりょ》したとしても，地球《ちきゅう》は太陽《たいよう》に飲《の》みこまれてしまうことでしょう。地球《ちきゅう》が太陽系外《たいようけいがい》に飛《と》ばされていなければ，ついに地《ち》球《きゅう》は完全《かんぜん》な死《し》をむかえてしまうのです。**このときの大膨張《だいぼうちょう》は，地球《ちきゅう》だけでなく，火星《かせい》をも飲《の》みこんでしまう可能性《かのうせい》があるようです。**

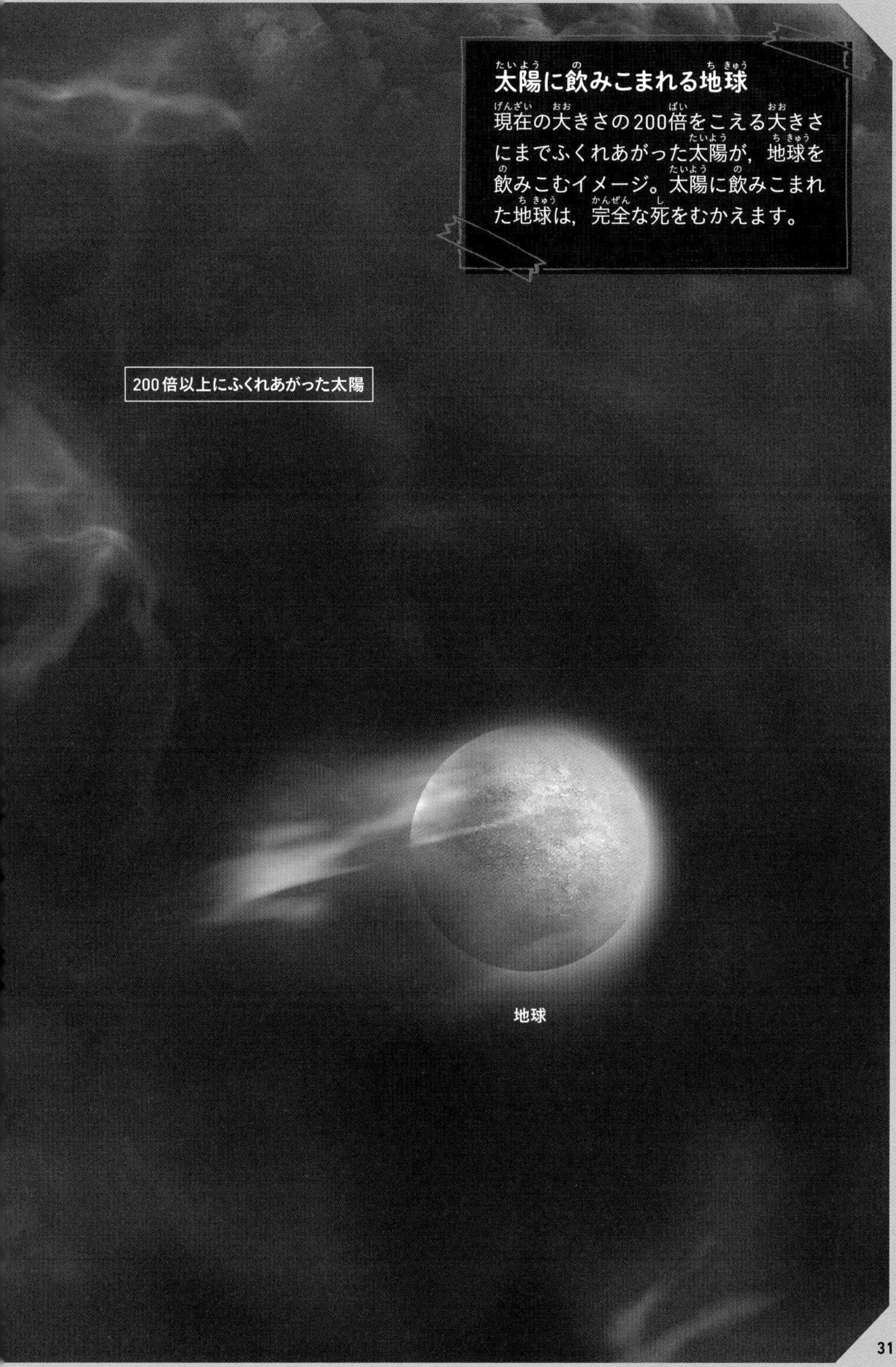

太陽《たいよう》に飲《の》みこまれる地球《ちきゅう》

現在《げんざい》の大《おお》きさの200倍《ばい》をこえる大《おお》きさにまでふくれあがった太陽《たいよう》が，地球《ちきゅう》を飲《の》みこむイメージ。太陽《たいよう》に飲《の》みこまれた地球《ちきゅう》は，完全《かんぜん》な死《し》をむかえます。

太陽系の終わり

ついに太陽《たいよう》が死《し》をむかえる！

美《うつく》しい星雲《せいうん》に包《つつ》みこまれて，
ゆっくりと冷《ひ》えていく

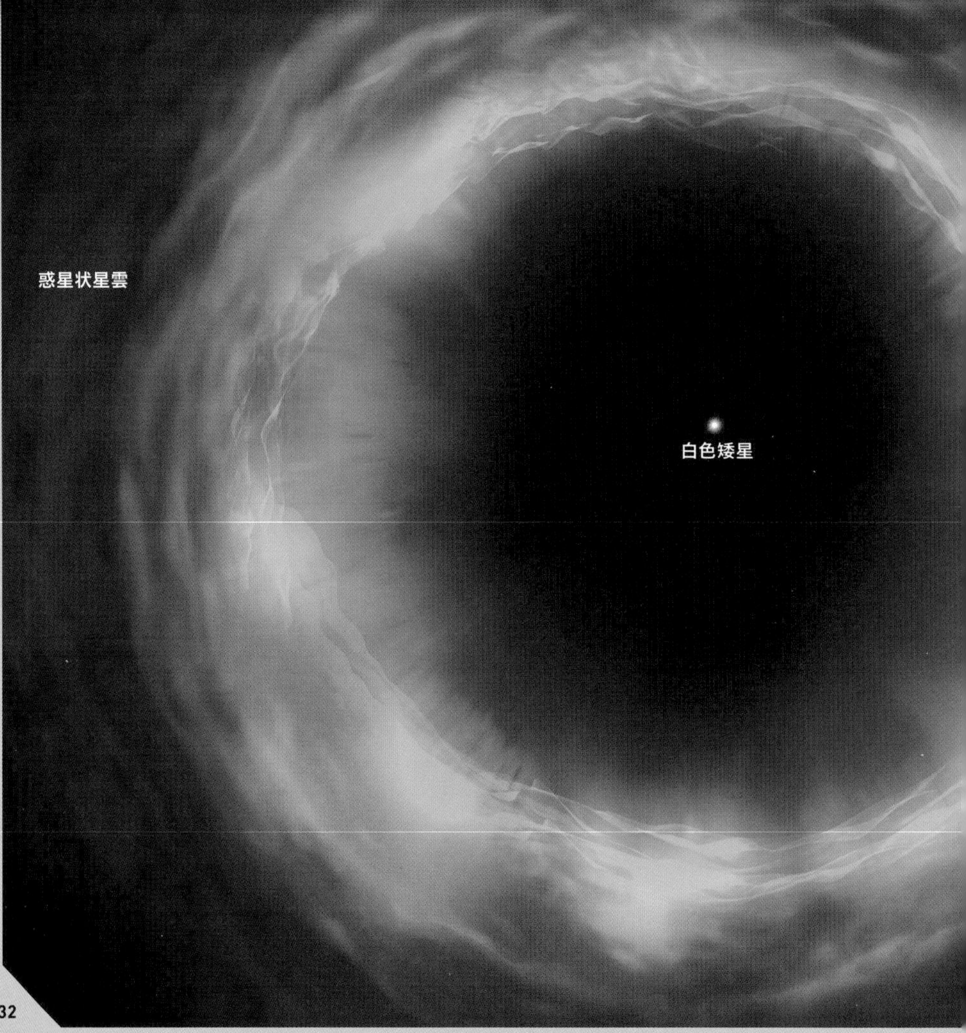

漸《ぜん》近巨星分枝星《きんきょせいぶんしせい》（前《ぜん》ページ）になった太陽《たいよう》は，膨張《ぼうちょう》と収縮《しゅうしゅく》を何度《なんど》もくりかえすと考《かんが》えられています。するとその過程《かてい》で，太陽《たいよう》をつくっていたガスが宇宙空間《うちゅうくうかん》に逃《に》げだし，太陽《たいよう》はどんどん小《ちい》さくなります。**そして最終的《さいしゅうてき》には，地球程度《ちきゅうていど》の大《おお》きさの中心部《ちゅうしんぶ》だけが残《のこ》されます。残《のこ》された中心部《ちゅうしんぶ》は，「白色矮星《はくしょくわいせい》」とよばれる天体《てんたい》です。**

白色矮星《はくしょくわいせい》の表面温度《ひょうめんおんど》は1万《まん》℃をこえ，白《しろ》く輝《かがや》くとともに，紫外線《しがいせん》を大《たい》量《りょう》に放出《ほうしゅつ》します。放《はな》たれた紫外線《しがいせん》は，周囲《しゅうい》のガスを色《いろ》とりどりに輝《かがや》かせます。このような天体《てんたい》は，「惑星状《わくせいじょう》星雲《せいうん》」とよばれます。

白色矮星《はくしょくわいせい》は核融合反応《かくゆうごうはんのう》をおこさずに余熱《よねつ》で輝《かがや》いているだけなので，ゆっくりと冷《ひ》えていきます。すると，紫外線《しがいせん》の放出《ほうしゅつ》が1万年程度《まんねんていど》で止《と》まり，惑星状星雲《わくせいじょうせいうん》は輝《かがや》きを失《うしな》います。残《のこ》された白色矮星《はくしょくわいせい》は，あとは冷《ひ》えていくだけです。

白色矮星《はくしょくわいせい》になった時点《じてん》で，太陽《たいよう》は実質的《じっしつてき》な死《し》に至《いた》ったといえます。そして完全《かんぜん》に冷《ひ》えきってしまうと，輝《かがや》きを失《うしな》った星《ほし》の残骸《ざんがい》だけが，宇宙空《うちゅうくう》間《かん》にぽつんと残《のこ》されます。

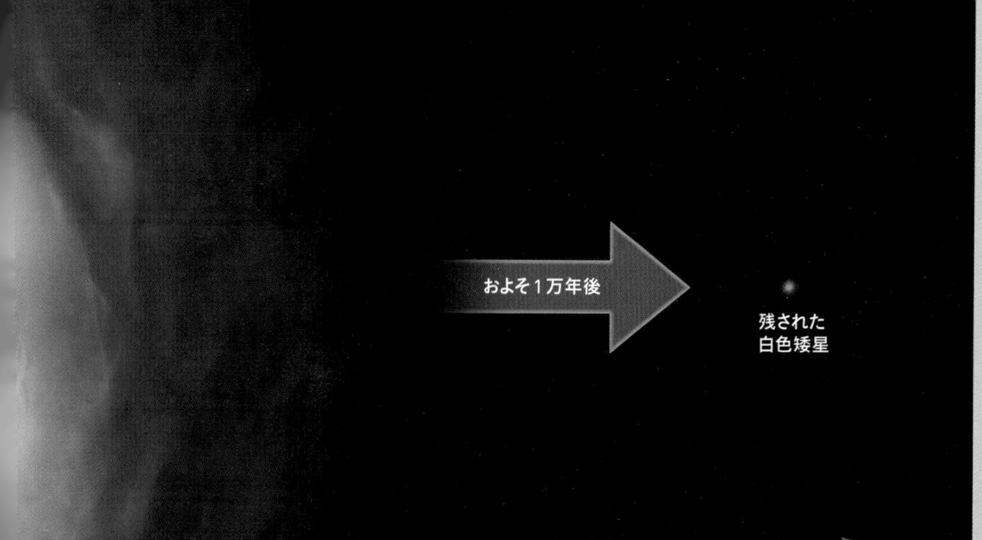

きらめく惑星状星雲《わくせいじょうせいうん》と最後《さいご》に残《のこ》された白色矮星《はくしょくわいせい》

晩年《ばんねん》の太陽《たいよう》によってつくられる惑星状星雲《わくせいじょうせいうん》と，その中《ちゅう》心《しん》にある白色矮星《はくしょくわいせい》のイメージです。1万年《まんねん》ほどで惑星状《わくせいじょう》星雲《せいうん》は輝《かがや》きを失《うしな》い，白色矮星《はくしょくわいせい》はゆっくりと冷《ひ》えていきます。なお，太陽《たいよう》がつくりだす惑星状星雲《わくせいじょうせいうん》がどのような形《かたち》になり，どんな色《いろ》に輝《かがや》くのかはわかっていません。

Column

コーヒーブレーク

もし太陽《たいよう》のエネルギー源《げん》が石炭《せきたん》だったら

1930年代《ねんだい》まで，太陽《たいよう》のエネルギー源《げん》は謎《なぞ》でした。**イギリスの物理学者《ぶつりがくしゃ》ウィリアム・トムソン（1824〜1907）は，仮《かり》に太陽《たいよう》が全部《ぜんぶ》石炭《せきたん》だとしたら，その燃費《ねんぴ》では2000〜6000年《ねん》しか輝《かがや》かないと指摘《してき》しました。**重力《じゅうりょく》エネルギーや運動《うんどう》エネルギーなどでみても，太陽《たいよう》の寿命《じゅみょう》は地《ち》球《きゅう》の年齢《ねんれい》（およそ46億年《おくねん》）よりも短《みじか》くなります。

1938年《ねん》，アメリカの物理学者《ぶつりがくしゃ》ハンス・ベーテ（1906 〜 2005）らが核融《かくゆう》合反応《ごうはんのう》を発見《はっけん》すると，核融合反応《かくゆうごうはんのう》こそが太陽《たいよう》のエネルギー源《げん》ではないかと考《かんが》えられるようになります。核融《かくゆう》合反応《ごうはんのう》は少《すく》ない燃料《ねんりょう》で膨大《ぼうだい》なエネルギーを生《う》みだすため，太陽《たいよう》が長《なが》い間《あいだ》，輝《かがや》きつづけることができるのです。ベーテたちのその後《ご》の研究《けんきゅう》によって，太陽《たいよう》の中心部《ちゅうしんぶ》にある水素《すいそ》すべてがヘリウムに変《か》わるのに必要《ひつよう》な時間《じかん》は，約《やく》100億年《おくねん》とされました。**核融合反《かくゆうごうはん》応《のう》を考《かんが》えることで，太陽《たいよう》の寿命《じゅみょう》はようやく地球《ちきゅう》の年齢《ねんれい》をこえたのです。**

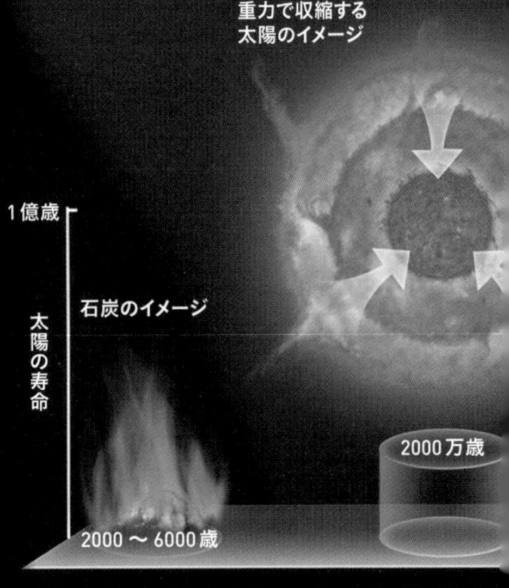

太陽《たいよう》がすべて石炭《せきたん》の場合《ばあい》

太陽《たいよう》の寿命《じゅみょう》は2000〜6000年《ねん》となります。

※：赤い円柱の左は19世紀半ばにドイツの物理学者ヘルマン・ヘルムホルツ（1821〜1894）が，右の円柱はトムソンが提唱した数をもとにしました。

核融合反応《かくゆうごうはんのう》のイメージ

二《ふた》つの水素原子核《すいそげんしかく》が核融合反応《かくゆうごうはんのう》をおこすと，重水素原子核一《じゅうすいそげんしかくひと》つがつくられ，新《あら》たな水素原子核《すいそげんしかく》との核融合反応《かくゆうごうはんのう》でヘリウム3原子核《げんしかく》がつくられます。そして二《ふた》つのヘリウム3原子核《げんしかく》から一《ひと》つのヘリウム原子核《げんしかく》がつくられ，二《ふた》つの水素原子核《すいそげんしかく》が放出《ほうしゅつ》されます。

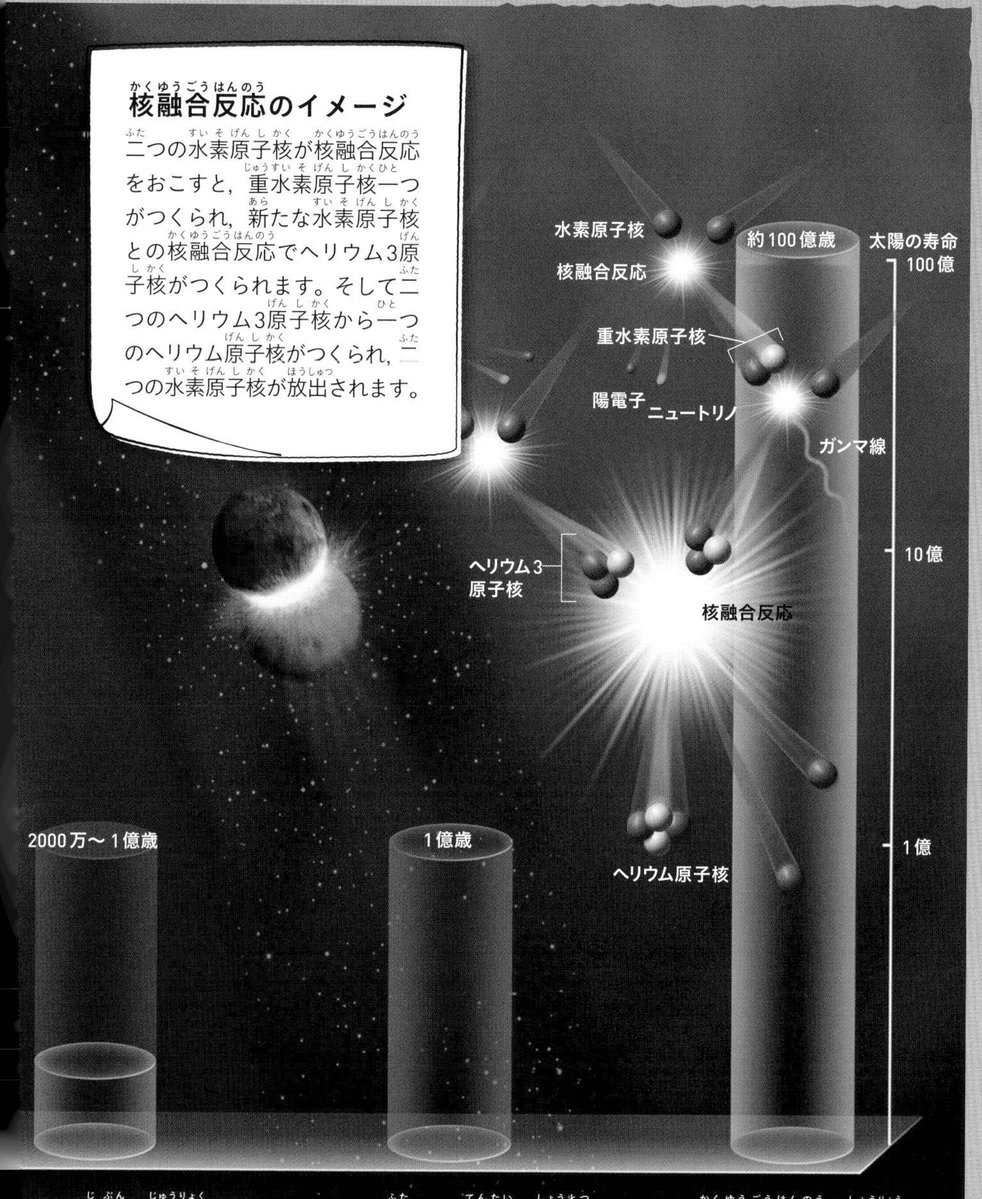

自分《じぶん》の重力《じゅうりょく》で輝《かがや》く場合《ばあい》※

太陽《たいよう》が自分《じぶん》の重力《じゅうりょく》でちぢむと熱《ねつ》が発生《はっせい》します。このエネルギーで輝《かがや》く場合《ばあい》，太《たい》陽《よう》の寿命《じゅみょう》は2000万《まん》～1億年《おくねん》になるとされます。

二《ふた》つの天体《てんたい》が衝突《しょうとつ》？

太陽《たいよう》は2個《こ》の天体《てんたい》が衝突《しょうとつ》してできた，という説《せつ》がありました。その衝突《しょうとつ》エネルギーで考《かんが》えると，寿《じゅ》命《みょう》は約《やく》1億年《おくねん》になります。

核融合反応《かくゆうごうはんのう》は少量《しょうりょう》でも膨大《ぼうだい》なエネルギーを生《う》む

2

銀河《ぎんが》の終《お》わり

現在《げんざい》の宇宙空間《うちゅうくうかん》には，数々《かずかず》の星《ほし》やちり，ガスなどが集《あつ》まった「銀河《ぎんが》」がたくさん存在《そんざい》します。しかし，銀河《ぎんが》も永遠《えいえん》ではありません。遠《とお》い未来《みらい》には輝《かがや》く恒星《こうせい》がすべてなくなり，宇《う》宙《ちゅう》は闇《やみ》に包《つつ》まれるといいます。2章《しょう》では，銀《ぎん》河《が》の終《お》わりについてみていきましょう。

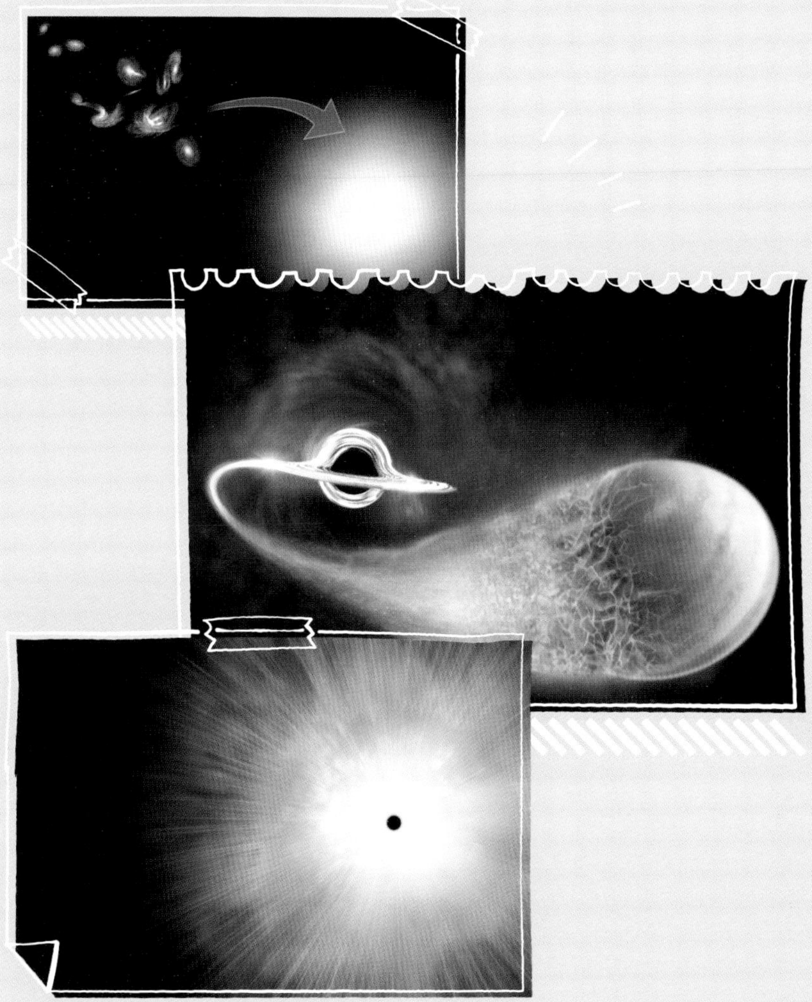

銀河の終わり

二《ふた》つの銀河《ぎんが》は衝突《しょうとつ》し，一《ひと》つにまとまる

天《あま》の川銀河《がわぎんが》とアンドロメダ銀河《ぎんが》が合体《がったい》していく

天《あま》の川銀河《がわぎんが》とアンドロメダ銀《ぎん》河《が》は，大小《だいしょう》50個《こ》ほどの銀河《ぎんが》からなる局所銀河群《きょくしょぎんがぐん》に属《ぞく》しています。両者《りょうしゃ》とも，その中《なか》では群《ぐん》を抜《ぬ》いて大《おお》きな銀河《ぎんが》です。

この二《ふた》つの銀河《ぎんが》は急速《きゅうそく》に近《ちか》づいていて，約《やく》45億年後《おくねんご》以降《いこう》に衝突《しょうとつ》・合体《がったい》し，一《ひと》つの大《おお》きな銀河《ぎんが》になると考《かんが》えられています（20～21ページ）。

さらに局所銀河群《きょくしょぎんがぐん》に属《ぞく》するほかの銀河《ぎんが》も重力《じゅうりょく》によって引《ひ》き寄《よ》せられ，合体《がったい》してしまいます。**その結果《けっか》，局《きょく》所《しょ》銀河群《ぎんがぐん》はただ一《ひと》つの楕円銀河《だえんぎんが》にまとまってしまうと考《かんが》えられています。**

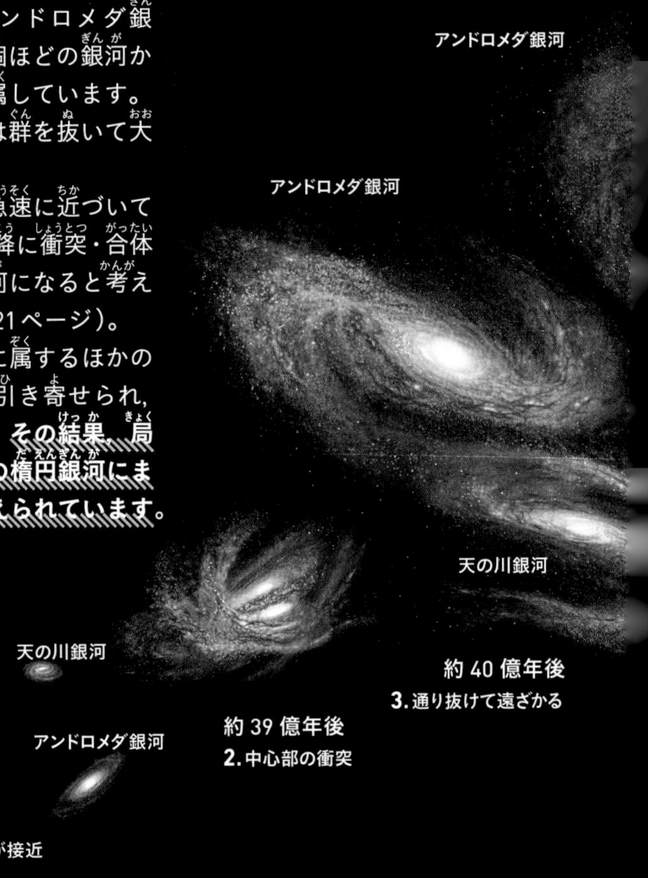

二《ふた》つの銀河《ぎんが》がくり広《ひろ》げるはげしい衝突劇《しょうとつげき》

二《ふた》つの銀河《ぎんが》はたがいを通《とお》り抜《ぬ》け，衝突《しょうとつ》をくりかえすことで星《ほし》は不規則《ふきそく》な運動《うんどう》をするようになり，合体後《がったいご》は巨大《きょだい》楕円銀河《だえんぎんが》になると考《かんが》えられています。楕円銀河《だえんぎんが》とは，球《きゅう》状《じょう》，もしくは楕円体《だえんたい》のような形状《けいじょう》の銀河《ぎんが》です。

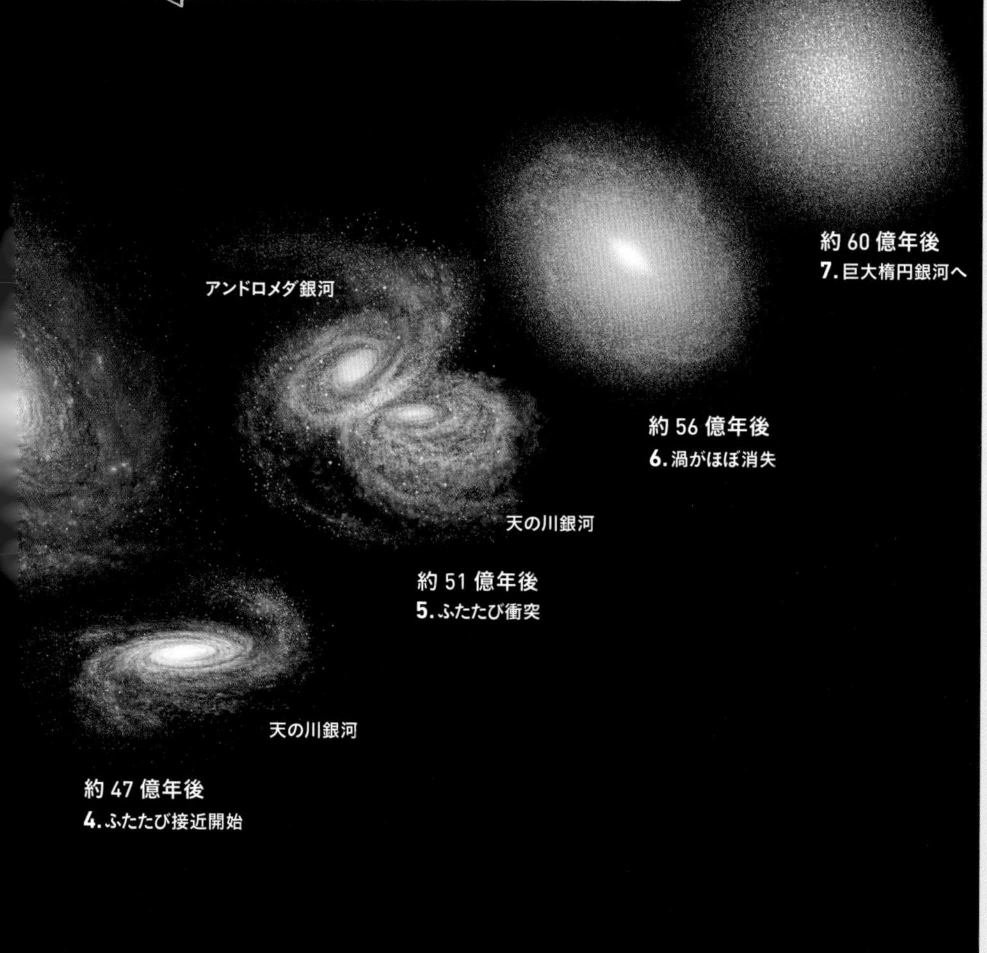

注：イラストや各種数値は，NASA（アメリカ航空宇宙局）が2012年に発表したプレスリリースおよびその関連論文を参考にしました。各場面の縮尺は同じではなく，3〜4の場面をとくに大きくえがいています。

銀河《ぎんが》の終わり

光《ひかり》の「ドップラー効果《こうか》」が銀河衝突《ぎんがしょうとつ》の根拠《こんきょ》に

7年《ねん》がかりの観測《かんそく》で結論《けつろん》を割《わ》りだした

アンドロメダ銀河《ぎんが》が天《あま》の川銀《がわぎん》河《が》に接近《せっきん》しているかどうかは，私《わたし》たち観測者《かんそくしゃ》と観測対象《かんそくたいしょう》（アンドロメダ銀河《ぎんが》）を結《むす》ぶ方向《ほうこう》，すなわち私《わたし》たちの視線方向《しせんほうこう》の銀河《ぎんが》の動《うご》きを調《しら》べることでわかります。**視線方向《しせんほうこう》の銀河《ぎんが》の動《うご》きは，銀河《ぎんが》から届《とど》く光《ひかり》に生《しょう》じる「ドップラー効《こう》果《か》」で求《もと》められます。**

ドップラー効果《こうか》とは，動《うご》いている物体《ぶったい》から発《はっ》せられた光《ひかり》や音《おと》が，発《はっ》せられたときとはちがう波長《はちょう》で観測《かんそく》される現象《げんしょう》です。走行《そうこう》する救《きゅう》急車《きゅうしゃ》のサイレン音《おん》が，近《ちか》づいているときは高《たか》く，遠《とお》ざかるときは低《ひく》く聞《き》こえるのは，ドップラー効果《こうか》によるものです。

光《ひかり》（可視光《かしこう》）は波長《はちょう》が短《みじか》いほうから，紫《むらさき》，藍《あい》，青《あお》，緑《みどり》，黄《き》，橙《だいだい》，赤《あか》の色《いろ》をしています。銀河《ぎんが》が遠《とお》ざかっていたら光《ひかり》の波長《はちょう》は長《なが》くなり，黄色《きいろ》だった光《ひかり》は赤《あか》みがかって観測《かんそく》されます（赤方偏移《せきほうへんい》）。逆《ぎゃく》に銀河《ぎんが》が近《ちか》づいていたら，黄色《きいろ》だった光《ひかり》は青《あお》みがかって観測《かんそく》されます（青方《せいほう》偏移《へんい》）。

色《いろ》が変化《へんか》したかどうかを判断《はんだん》するには，銀河《ぎんが》から発《はっ》せられた「本《ほん》来《らい》の色《いろ》」を知《し》る必要《ひつよう》がありますが，これには，原子《げんし》や分子《ぶんし》が放出《ほうしゅつ》したり吸収《きゅうしゅう》したりする固有《こゆう》の光《ひかり》（スペクトル線《せん》）が利用《りよう》されます。**アンドロメダ銀河《ぎんが》から届《とど》くスペクトル線《せん》を分析《ぶんせき》すると，ドップラー効果《こうか》によって青方偏移《せいほうへんい》していました。つまり，こちらに接近《せっきん》しているのです。**

ただし，もしアンドロメダ銀河《ぎんが》が横方向《よこほうこう》（視線方向《しせんほうこう》と垂直《すいちょく》な方《ほう》向《こう》）に大《おお》きく動《うご》いていたら，天《あま》の川銀河《がわぎんが》とは衝突《しょうとつ》せずに横《よこ》を通《とお》りすぎるだけとも考《かんが》えられます。NASAなどの研究《けんきゅう》チームは，7年《ねん》がかりの観測《かんそく》でアンドロメダ銀河《ぎんが》の横方向《よこほうこう》の動《うご》きや移動速度《いどうそくど》などを割《わ》りだし，衝突《しょうとつ》する可能性《かのうせい》は高《たか》いと結論《けつろん》づけました。

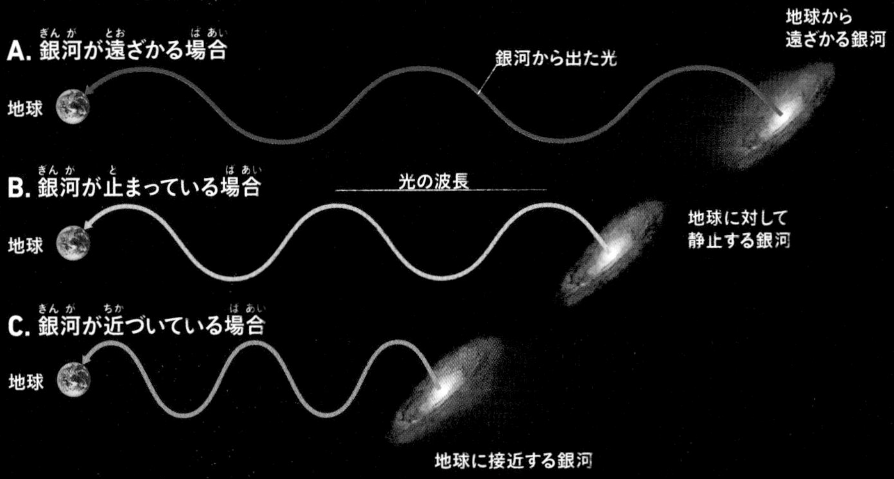

光《ひかり》（可視光《かしこう》）の色《いろ》と波長《はちょう》の関係《かんけい》

光《ひかり》の「ドップラー効果《こうか》」

銀河《ぎんが》から出《で》た黄色《きいろ》い光《ひかり》は，銀河《ぎんが》が地球《ちきゅう》に対《たい》して遠《とお》ざかることも近《ちか》づくこともない場合《ばあい》，そのまま黄色《きいろ》い光《ひかり》として観測《かんそく》されます（**B**）。銀河《ぎんが》が遠《とお》ざかっている場《ば》合《あい》，地球《ちきゅう》では波長《はちょう》が長《なが》い赤《あか》みがかった光《ひかり》として観測《かんそく》されます（**A**）。逆《ぎゃく》に，銀河《ぎんが》が近《ちか》づいている場合《ばあい》，波長《はちょう》が短《みじか》い青《あお》みがかった光《ひかり》として観測《かんそく》されます（**C**）。なお，ドップラー効果《こうか》は，光《ひかり》の発生源《はっせいげん》だけでなく，観測者《かんそくしゃ》が動《うご》いている場合《ばあい》にも生《しょう》じます。

　下段《げだん》の図《ず》は，光《ひかり》（可視光《かしこう》）の波長《はちょう》と色《いろ》の関係図《かんけいず》です。光《ひかり》の波長《はちょう》が長《なが》くなると赤《あか》く，短《みじか》くなると青《あお》くなることがわかります。

1000億年後《おくねんご》，超巨大楕円銀河《ちょうきょだいだえんぎんが》が誕生《たんじょう》

大規模《だいきぼ》な「銀河団《ぎんがだん》」も巨大《きょだい》な楕円銀河《だえんぎんが》にまとまる

銀《ぎん》河群《がぐん》よりも規模《きぼ》が大《おお》きく，100～数千個《すうせんこ》もの銀河《ぎんが》から構成《こうせい》されている銀河集団《ぎんがしゅうだん》を，「銀河団《ぎんがだん》」といいます。さらに，銀河団《ぎんがだん》が数十個《すうじゅっこ》集《あつ》まった集団《しゅうだん》は，「超銀河団《ちょうぎんがだん》」といいます。

銀河団《ぎんがだん》も銀河《ぎんが》どうしが衝突《しょうとつ》・合体《がったい》をくりかえし，1000億年後《おくねんご》ごろには，一《ひと》つの超巨大《ちょうきょだい》な楕円銀河《だえんぎんが》になると考《かんが》えられています。

つまり，宇宙《うちゅう》に無数《むすう》に存在《そんざい》する銀《ぎん》河《が》は，より少《すく》ない数《かず》の超巨大楕円銀《ちょうきょだいだえんぎん》河《が》へとまとまっていくのです。

一方《いっぽう》，超銀河団《ちょうぎんがだん》に属《ぞく》する銀河団《ぎんがだん》どうしは，重力《じゅうりょく》の効果《こうか》よりも宇宙《うちゅう》の膨《ぼう》張《ちょう》の効果《こうか》を大《おお》きく受《う》けるため，一《ひと》つの巨大《きょだい》な銀河《ぎんが》にまとまることはなく，たがいにはなれていくと考《かんが》えられています。

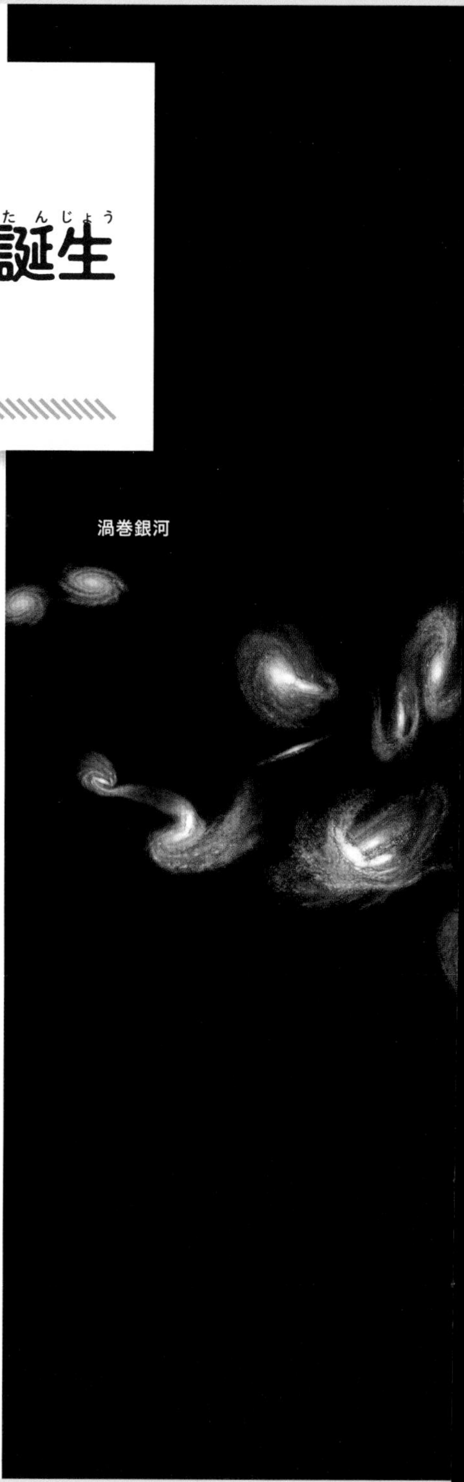

銀河《ぎんが》の集団《しゅうだん》は，一《ひと》つの超巨大《ちょうきょだい》銀河《ぎんが》へと成長《せいちょう》する

銀河群《ぎんがぐん》や銀河団《ぎんがだん》のような銀河《ぎんが》の集団《しゅうだん》が，重力《じゅうりょく》によって引《ひ》き寄《よ》せ合《あ》い，一《ひと》つの超巨大《ちょうきょだい》楕円《だえん》銀河《ぎんが》へとまとまっていくイメージをえがきました。

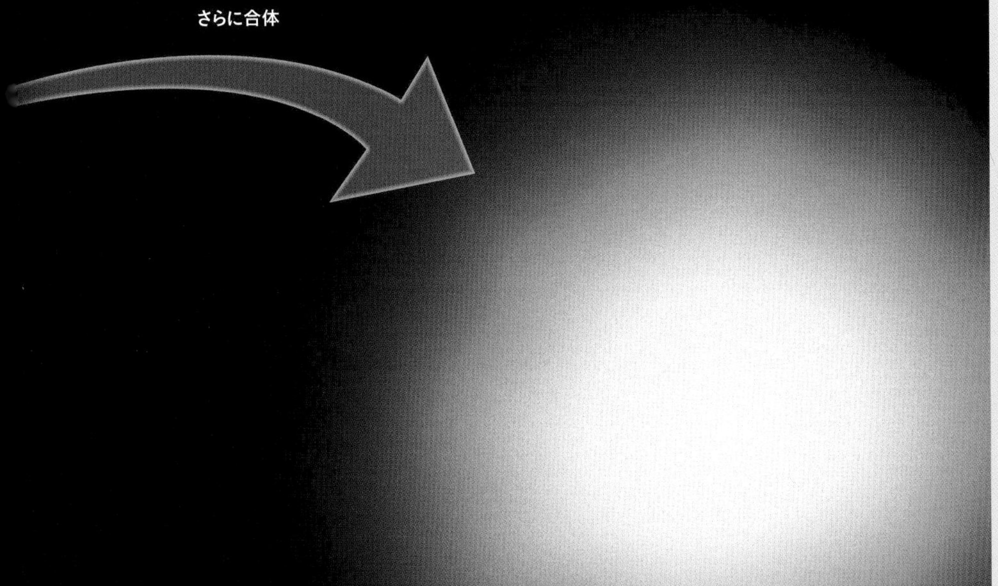

Column

コーヒーブレーク

銀河《ぎんが》が衝突《しょうとつ》し，星《ほし》が生《う》まれる

銀《ぎん》河《が》と銀河《ぎんが》が衝突《しょうとつ》するとき，星《ほし》のようには通《とお》り抜《ぬ》けられないものもあります。それは「星《せい》間《かん》ガス」です。

銀河《ぎんが》の星《ほし》と星《ほし》の間《あいだ》には何《なに》もないわけではなく，銀河《ぎんが》には，水素《すいそ》を中心《ちゅうしん》とする気体《きたい》が薄《うす》く広《ひろ》がっています。これを「星間《せいかん》ガス」といいます。銀河内《ぎんがない》の星間《せいかん》ガスの平均的《へいきんてき》な密度《みつど》は，1立方《りっぽう》センチメートルあたり原子《げんし》（もしくは分子《ぶんし》）1個《こ》程度《ていど》です。星間《せいかん》ガスは場所《ばしょ》によって濃淡《のうたん》があり，渦巻銀河《うずまきぎんが》の場合《ばあい》，「腕《うで》」の部分《ぶぶん》に多《おお》く存在《そんざい》します。

星間《せいかん》ガスは，星《ほし》の材料《ざいりょう》となる物《ぶっ》質《しつ》です。星間《せいかん》ガスの密度《みつど》が一定以《いっていい》上《じょう》に高《たか》まると，ガス自身《じしん》の重力《じゅうりょく》によってガスのかたまりは収縮《しゅうしゅく》をはじめます。そして，小《ちい》さな“星《ほし》のタネ”（原始星《げんしせい》）ができます。原始《げんし》星《せい》は周囲《しゅうい》のガスを取《と》りこんで成《せい》長《ちょう》し，やがて恒星《こうせい》になります。濃《のう》縮《しゅく》したガスの中《なか》では，このようなしくみで，さかんに星《ほし》が誕生《たんじょう》するのです。

現在《げんざい》の天《あま》の川銀河《がわぎんが》の円盤部《えんばんぶ》では，1年間《ねんかん》におよそ太陽質量《たいようしつりょう》2個分《こぶん》の星《ほし》が新《あら》たにつくられているといわれています。一般的《いっぱんてき》に，銀河《ぎんが》が衝《しょう》突《とつ》すると，1年間《ねんかん》に太陽質量《たいようしつりょう》に換算《かんざん》して数十《すうじゅう》～数百《すうひゃっ》個《こ》もの大量《たいりょう》の星《ほし》が生《う》まれるようになるといいます。

銀河《ぎんが》が衝突《しょうとつ》すると，二《ふた》つの銀河《ぎんが》の星《ほし》の数《かず》が足《た》し合《あ》わされるだけでなく，星《ほし》の材料《ざいりょう》が濃縮《のうしゅく》されることで新《あら》たな星《ほし》がたくさんつくられます。こうして銀河衝突《ぎんがしょうとつ》は，銀河《ぎんが》の規模《きぼ》や形《かたち》を進化《しんか》させていくのです。

濃縮《のうしゅく》されたガスから星《ほし》が生《う》まれる

二《ふた》つの銀河《ぎんが》が衝突《しょうとつ》したときの，銀河《ぎんが》と星間《せいかん》ガスの動《うご》きを示《しめ》しました（**1**〜**3**）。星間《せいかん》ガスを黄色《きいろ》で表現《ひょうげん》しています。

　渦巻銀河《うずまきぎんが》の場合《ばあい》，腕《うで》の部分《ぶぶん》で星間《せいかん》ガスの密度《みつど》が高《たか》くなります。密度《みつど》が高《たか》い領域《りょういき》は，水素《すいそ》が分子《ぶんし》として多《おお》く存在《そんざい》しており，「分子雲《ぶんしうん》」とよばれることもあります。

1. 接近《せっきん》する銀河《ぎんが》

星間《せいかん》ガスは銀河《ぎんが》の円盤上《えんばんじょう》に薄《うす》く広《ひろ》がっており，とくに腕《うで》の部分《ぶぶん》に多《おお》くなります。

2. 星間《せいかん》ガスが濃縮《のうしゅく》

銀河《ぎんが》の接近《せっきん》によって，まずは端《はし》のほうのガスが衝突《しょうとつ》し，密度《みつど》が上昇《じょうしょう》します。星《ほし》の材料《ざいりょう》である星間《せいかん》ガスが濃《こ》くなることで，新《あら》たな星《ほし》の形成《けいせい》が活発《かっぱつ》におきます。

3. ガスと星《ほし》が銀河《ぎんが》に“引《ひ》っぱられる”

衝突《しょうとつ》した銀河《ぎんが》は，たがいを通《とお》り抜《ぬ》けて距離《きょり》がはなれていきます。その際《さい》，濃縮《のうしゅく》されたガスとそこで形成《けいせい》された星《ほし》たちも銀河《ぎんが》に引《ひ》っぱられ，ともに移動《いどう》します。衝突《しょうとつ》を経《へ》た銀河《ぎんが》の円盤上《えんばんじょう》には，ガスが濃縮《のうしゅく》された領域《りょういき》が散在《さんざい》し，濃《こ》いガスの中《なか》で星形成《ほしけいせい》が活発《かっぱつ》におきるといいます。

個々《ここ》の銀河《ぎんが》は宇宙《うちゅう》の中《なか》で孤立《こりつ》する

ほかの天体《てんたい》を見《み》ることができなくなる

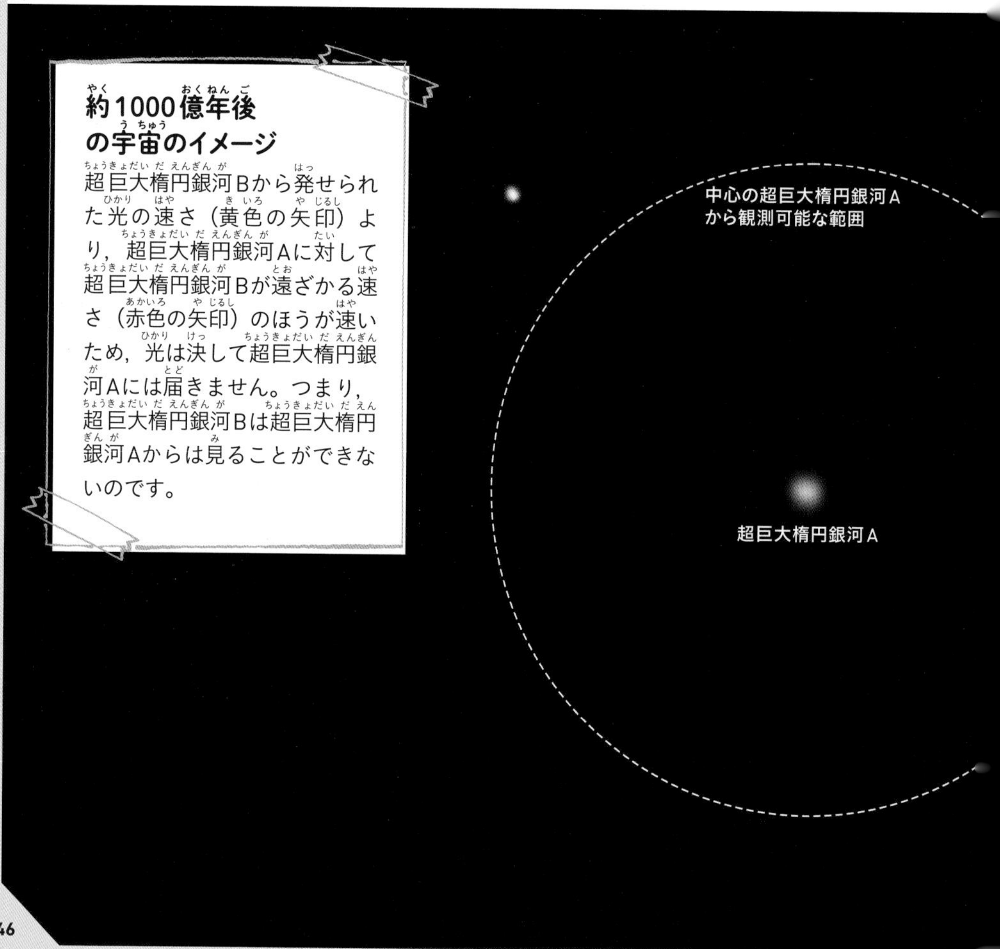

約《やく》1000億年後《おくねんご》の宇宙《うちゅう》のイメージ

超巨大楕円銀河《ちょうきょだいだえんぎんが》Bから発《はっ》せられた光《ひかり》の速《はや》さ（黄色《きいろ》の矢印《やじるし》）より，超巨大楕円銀河《ちょうきょだいだえんぎんが》Aに対《たい》して超巨大楕円銀河《ちょうきょだいだえんぎんが》Bが遠《とお》ざかる速《はや》さ（赤色《あかいろ》の矢印《やじるし》）のほうが速《はや》いため，光《ひかり》は決《けっ》して超巨大楕円銀《ちょうきょだいだえんぎん》河《が》Aには届《とど》きません。つまり，超巨大楕円銀河《ちょうきょだいだえんぎんが》Bは超巨大楕円《ちょうきょだいだえん》銀河《ぎんが》Aからは見《み》ることができないのです。

銀《ぎん》河群《がぐん》や銀河団《ぎんがだん》が超巨大楕円銀《ちょうきょだいだえんぎん》河《が》へと成長《せいちょう》した1000億年後《おくねんご》ごろになると，超巨大楕円銀河《ちょうきょだいだえんぎんが》の外《そと》は，非常《ひじょう》にさびしい世界《せかい》になってしまいます。**観測可能《かんそくかのう》な範囲《はんい》には，ほかの天体《てんたい》が一《ひと》つも存在《そんざい》せず，超巨大《ちょうきょだい》楕円銀河《だえんぎんが》は，宇宙《うちゅう》の中《なか》で孤立《こりつ》してしまうと考《かんが》えられているのです。**

ほかの天体《てんたい》が消滅《しょうめつ》してしまうわけではありません。宇宙《うちゅう》が膨張《ぼうちょう》しているため，ほかの銀河《ぎんが》が観測可能《かんそくかのう》な範《はん》囲《い》の外《そと》に追《お》いやられてしまうのです。

もし宇宙《うちゅう》の膨張速度《ぼうちょうそくど》が今《いま》と同《おな》じままであれば，1000億年後《おくねんご》であろうとも，球状《きゅうじょう》の巨大天体《きょだいてんたい》は宇宙《うちゅう》の中《なか》で孤立《こりつ》することはありません。しかし，宇宙《うちゅう》の膨張速度《ぼうちょうそくど》は加速《かそく》していることがわかっています。そのため，となりにあった球状《きゅうじょう》の巨大天体《きょだいてんたい》ですら，遠《とお》ざかる速《はや》さがどんどん増《ま》していき，ついには，観測可能《かんそくかのう》な範囲《はんい》の外《そと》に出《で》てしまうと考《かんが》えられているのです。

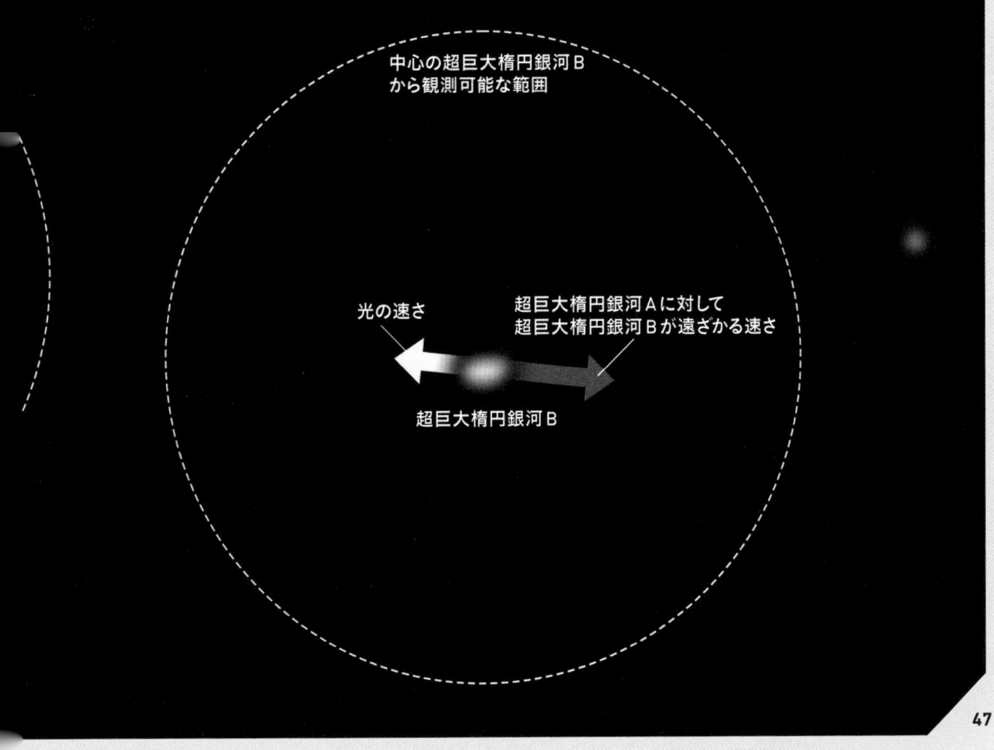

注：銀河の遠ざかる速さは，空間が膨張することによる，ある種のみかけ上の速さなので，「物体の運動の速さは，光の速さをこえることはできない」という，よく知られる相対性理論の制限を破っているわけではありません。

銀河の終わり

星《ほし》の“世代交代《せだいこうたい》”は永遠《えいえん》にはつづかない

恒星《こうせい》の燃料《ねんりょう》が徐々《じょじょ》につきていく

恒星《こうせい》の死《し》には，大《おお》きく分《わ》けて「惑星状星雲《わくせいじょうせいうん》」をつくるタイプと，「超新星爆発《ちょうしんせいばくはつ》」をおこすタイプがあります。どちらも恒星《こうせい》を形《かたち》づくっていたガスのほとんどを，宇宙空《うちゅうくう》間《かん》に放出《ほうしゅつ》します。そして放出《ほうしゅつ》されたガスは，新《あら》たに誕生《たんじょう》する，次世代《じせだい》の恒星《こうせい》の材料《ざいりょう》になります。つまり恒星《こうせい》は，世代交代《せだいこうたい》をくりかえしているのです（次《つぎ》のページでくわしく解説《かいせつ》）。

しかし，それも永遠《えいえん》にはつづきません。恒星《こうせい》の燃料《ねんりょう》が，しだいにつきていくからです。

恒星《こうせい》の輝《かがや》きの源《みなもと》は，中心部《ちゅうしんぶ》でおきる核融合反応《かくゆうごうはんのう》（18 ～ 19ページ）です。核融合反応《かくゆうごうはんのう》では，水素《すいそ》などの軽《かる》い元素《げんそ》から，酸素《さんそ》や炭素《たんそ》，鉄《てつ》などの重《おも》い元素《げんそ》がつくられます。**恒星《こうせい》の世《せ》代交代《だいこうたい》がくりかえされると，恒星《こうせい》の燃料《ねんりょう》となる軽《かる》い元素《げんそ》は，しだいに少《すく》なくなっていきます。その結果《けっか》，新《あら》たな恒星《こうせい》が生《う》まれにくくなるのです。**

そして新《あら》たな恒星《こうせい》が生《う》まれにくくなった銀河《ぎんが》は，徐々《じょじょ》に輝《かがや》きを弱《よわ》めていきます。

恒星《こうせい》の世代交代《せだいこうたい》

太陽《たいよう》の質量《しつりょう》の8倍程度《ばいていど》までの恒星《こうせい》は，最期《さいご》にガスを大量《たいりょう》に放出《ほうしゅつ》して「惑星《わくせい》状星雲《じょうせいうん》」をつくり，8倍《ばい》程度以上《ていどいじょう》の恒星《こうせい》は，「超《ちょう》新星爆発《しんせいばくはつ》」をおこします。これらの過程《かてい》で放出《ほうしゅつ》された物質《ぶっしつ》は，やがて分《ぶん》子雲《しうん》として集《あつ》まり，そこから次《つぎ》の世代《せだい》の恒星《こうせい》が生《う》まれます。

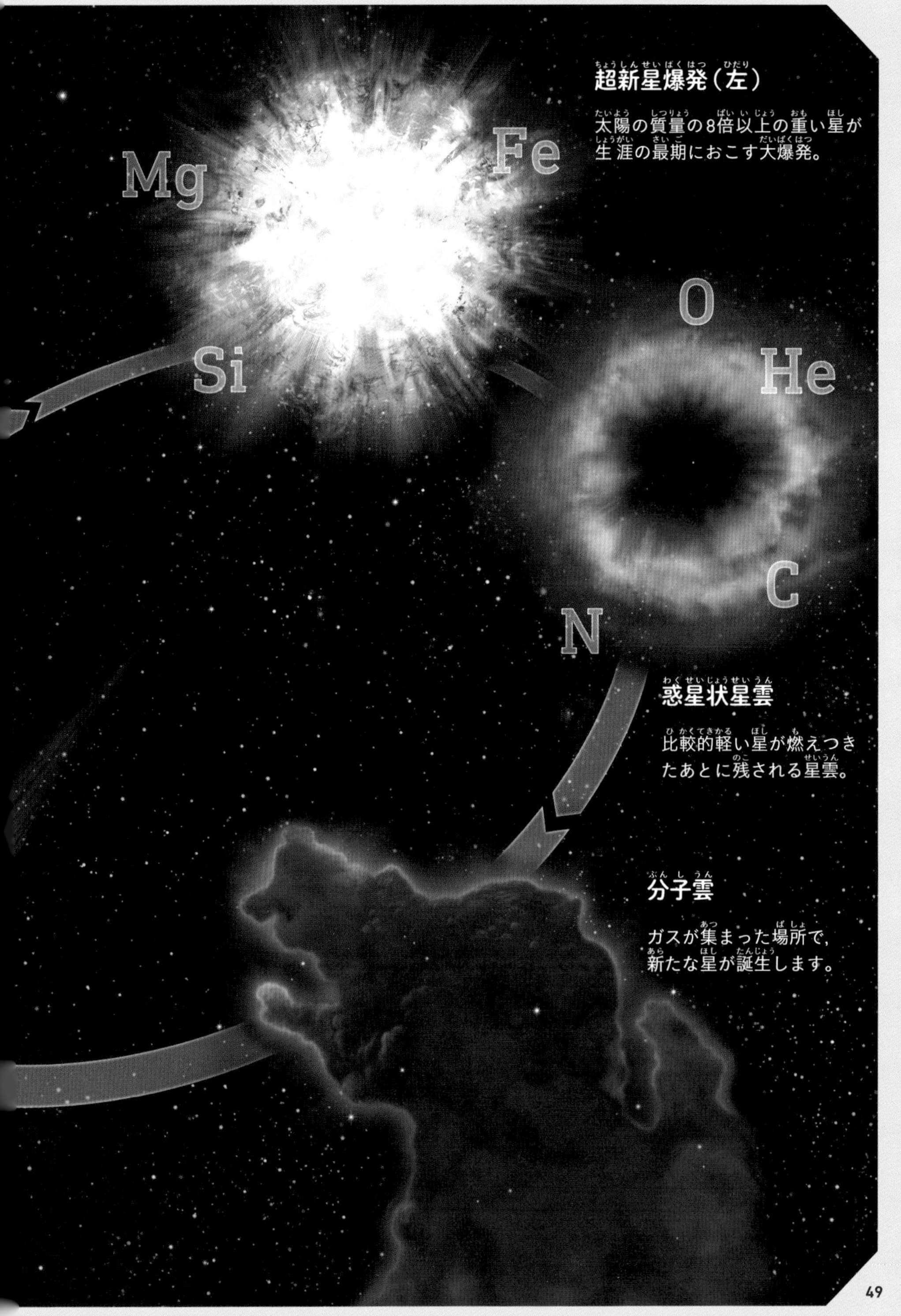

超新星爆発《ちょうしんせいばくはつ》（左《ひだり》）

太陽《たいよう》の質量《しつりょう》の8倍《ばい》以上《いじょう》の重《おも》い星《ほし》が生涯《しょうがい》の最期《さいご》におこす大爆発《だいばくはつ》。

惑星状星雲《わくせいじょうせいうん》

比較的軽《ひかくてきかる》い星《ほし》が燃《も》えつきたあとに残《のこ》される星雲《せいうん》。

分子雲《ぶんしうん》

ガスが集《あつ》まった場所《ばしょ》で，新《あら》たな星《ほし》が誕生《たんじょう》します。

Column

コーヒーブレーク

寿命《じゅみょう》をむかえた星《ほし》が，次《つぎ》の星《ほし》の材料《ざいりょう》になる

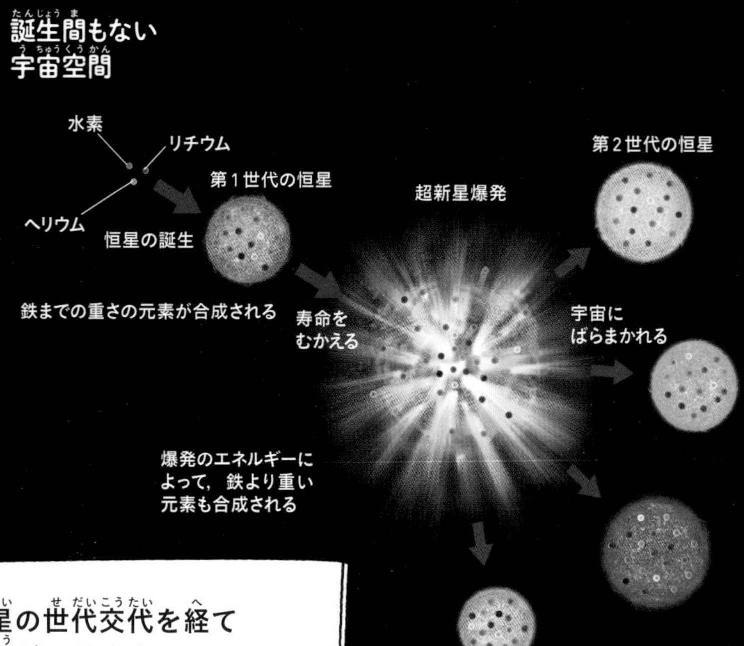

恒星《こうせい》の世代交代《せだいこうたい》を経《へ》て
太陽《たいよう》ができるまで

私《わたし》たちの太陽《たいよう》も，何世代目《なんせだいめ》かの恒星《こうせい》として約《やく》46億年前《おくねんまえ》に誕生《たんじょう》しました。原始的《げんしてき》な太陽《たいよう》の周囲《しゅうい》にはガスやちりの円盤《えんばん》が形成《けいせい》され，その中《なか》から，地球《ちきゅう》を含《ふく》む惑星《わくせい》が生《う》まれたのです。

およそ138億年前《おくねんまえ》。誕生《たんじょう》直後《ちょくご》の宇宙《うちゅう》は非常《ひじょう》に高温《こうおん》でした。**やがて宇宙《うちゅう》が膨張《ぼうちょう》して温度《おんど》が下《さ》がると，陽子《ようし》と中性子《ちゅうせいし》が誕生《たんじょう》します。陽子《ようし》は水素《すいそ》原子《げんし》の原子核《げんしかく》なので，宇宙《うちゅう》で最初《さいしょ》に生《しょう》じた元素《げんそ》は水素《すいそ》です。**

その後《ご》，陽子《ようし》と中性子《ちゅうせいし》が核融合《かくゆうごう》反応《はんのう》をおこし，ヘリウムやリチウムなどの軽《かる》い原子核《げんしかく》ができます。宇宙《うちゅう》の温度《おんど》がさらに下《さ》がると，プラスの電気《でんき》をおびた原子核《げんしかく》とマイナスの電気《でんき》をおびた電子《でんし》が引《ひ》き寄《よ》せ合《あ》い，原子《げんし》ができます。

鉄《てつ》までの重《おも》い元素《げんそ》は，宇宙創生《うちゅうそうせい》から数億年後《すうおくねんご》に誕生《たんじょう》した恒星《こうせい》の内部《ないぶ》の核融合反応《かくゆうごうはんのう》でつくられました。**重《おも》い恒星《こうせい》が寿命《じゅみょう》をむかえ，超新星《ちょうしんせい》爆発《ばくはつ》をおこすと，鉄《てつ》よりもさらに重《おも》い元素《げんそ》が合成《ごうせい》されます。**

ばらまかれた元素《げんそ》が材料《さいりょう》となり，次《つぎ》の世代《せだい》の恒星《こうせい》が生《う》まれます。星《ほし》の誕生《たんじょう》と死《し》（爆発《ばくはつ》）がくりかえされることで，宇宙《うちゅう》にさまざまな元素《げんそ》が蓄積《ちくせき》されたのです。

太陽系《たいようけい》

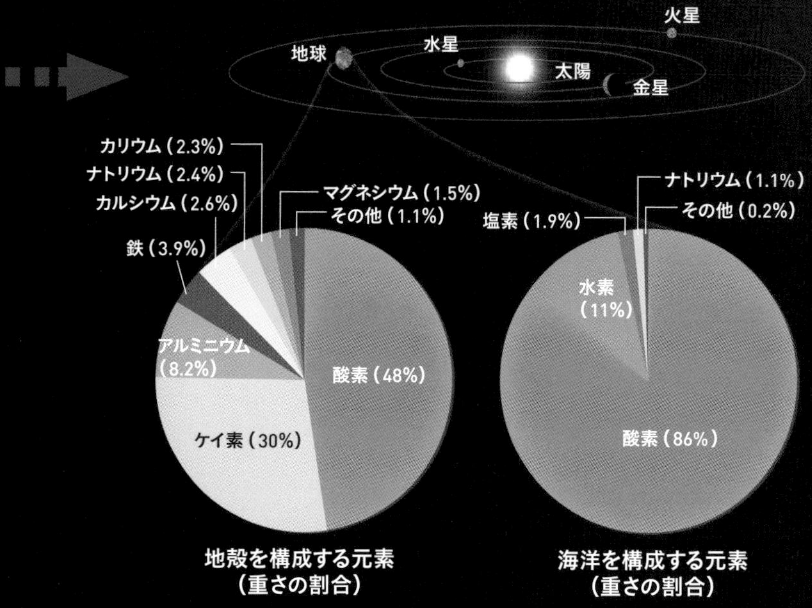

10兆年後《ちょうねんご》，すべての星《ほし》が燃《も》えつきる

最《もっと》も寿命《じゅみょう》が長《なが》いとされる赤色矮星《せきしょくわいせい》も最期《さいご》をむかえる

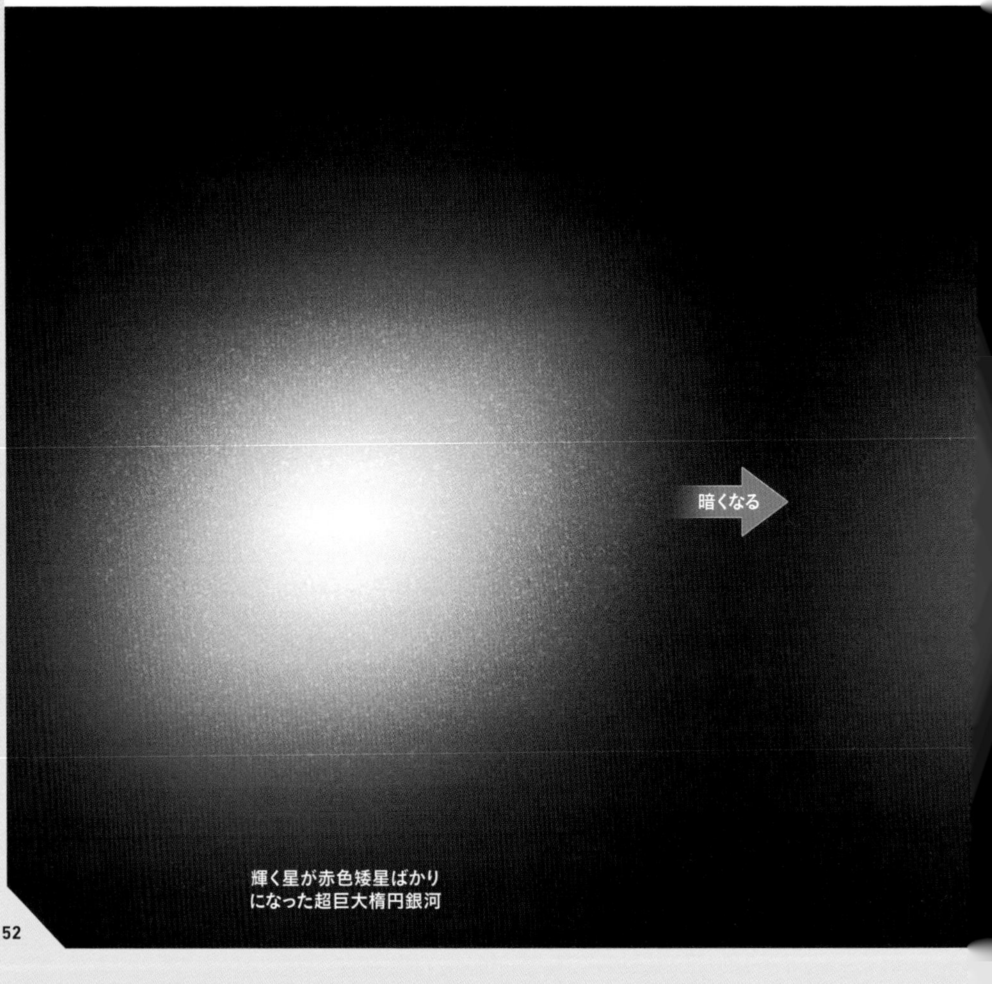

輝く星が赤色矮星ばかりになった超巨大楕円銀河

恒《こう》星《せい》は重《おも》い（質量《しつりょう》が大《おお》きい）ものほど，“燃焼効率《ねんしょうこうりつ》”が高《たか》いため，寿命《じゅみょう》が短《みじか》いことが知《し》られています。太陽《たいよう》の寿命《じゅみょう》は100億年程度《おくねんていど》と考《かんが》えられていますが，太陽《たいよう》の質量《しつりょう》の10倍程度《ばいていど》の重《おも》い恒星《こうせい》は，太陽《たいよう》よりも圧倒的《あっとうてき》に明《あか》るく輝《かがや》き，わずか3000万年《まんねん》程度《ていど》で燃《も》えつきてしまいます。

逆《ぎゃく》にいえば，軽《かる》い恒星《こうせい》ほど長寿命《ちょうじゅみょう》です。太陽《たいよう》の質量《しつりょう》の8～50％程度《ていど》の，赤《あか》くて暗《くら》い「赤色矮星《せきしょくわいせい》」は，宇宙《うちゅう》で最《もっと》も長寿命《ちょうじゅみょう》の恒星《こうせい》です。その寿命《じゅみょう》は最長《さいちょう》で10兆年程度《ちょうねんていど》と考《かんが》えられています。48ページでみたように，星《ほし》の燃料《ねんりょう》となる軽《かる》い元素《げんそ》が銀河内《ぎんがない》でつきてくると，赤色矮星《せきしょくわいせい》が銀河《ぎんが》の輝《かがや》きの大部分《だいぶぶん》をになうようになり，銀河《ぎんが》はどんどん暗《くら》くなっていくのです。

しかし，10兆年程度後《ちょうねんていどご》には，赤色《せきしょく》矮星《わいせい》すら燃《も》えつき，銀河《ぎんが》，そして宇《う》宙《ちゅう》は，ほとんど輝《かがや》きを失《うしな》ってしまうと考《かんが》えられます。

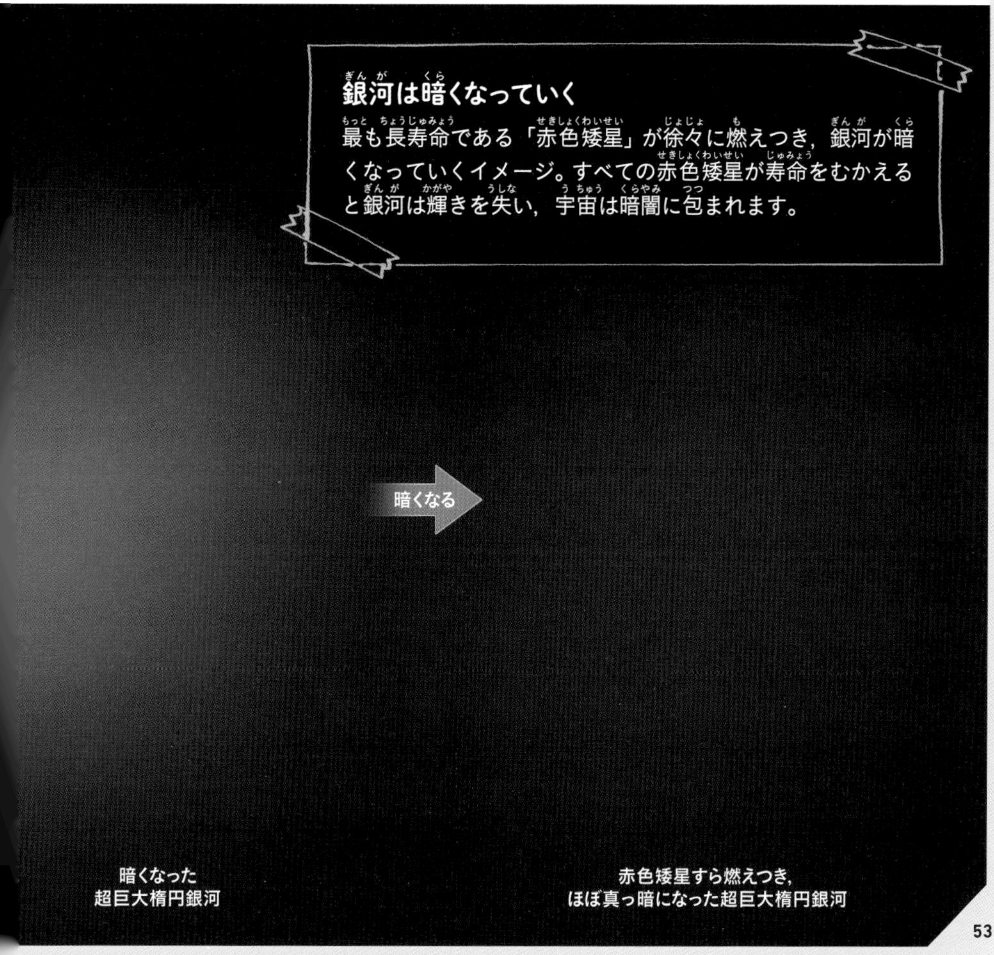

銀河《ぎんが》は暗《くら》くなっていく

最《もっと》も長寿命《ちょうじゅみょう》である「赤色矮星《せきしょくわいせい》」が徐々《じょじょ》に燃《も》えつき，銀河《ぎんが》が暗《くら》くなっていくイメージ。すべての赤色矮星《せきしょくわいせい》が寿命《じゅみょう》をむかえると銀河《ぎんが》は輝《かがや》きを失《うしな》い，宇宙《うちゅう》は暗闇《くらやみ》に包《つつ》まれます。

暗くなった
超巨大楕円銀河

赤色矮星すら燃えつき，
ほぼ真っ暗になった超巨大楕円銀河

銀河の終わり

輝《かがや》きを失《うしな》った宇宙《うちゅう》に冷《ひ》えた天体《てんたい》が残《のこ》される

すべての恒星《こうせい》が燃《も》えつきたあとの宇宙《うちゅう》とは

すべての恒星《こうせい》が燃《も》えつきたあと，宇宙《うちゅう》にはどのような天体《てんたい》が残《のこ》っているのでしょうか。**大小《だいしょう》さまざまな「ブラックホール」，軽《かる》い恒星《こうせい》のなれの果《は》てである「白色矮星《はくしょくわいせい》」（32～33ページ）が冷《ひ》えて暗《くら》くなった天《てん》体《たい》（黒色矮星《こくしょくわいせい》ともよばれます），「中《ちゅう》性子星《せいしせい》」，「褐色矮星《かっしょくわいせい》」，そして惑星《わくせい》，衛星《えいせい》，小惑星《しょうわくせい》などが考《かんが》えられます。**

中性子星《ちゅうせいしせい》とは，太陽《たいよう》の質量《しつりょう》の8～25倍程度《ばいていど》の恒星《こうせい》が超新星爆発《ちょうしんせいばくはつ》をおこしたあと，もとの恒星《こうせい》の中心部《ちゅうしんぶ》が重力《じゅうりょく》によって収縮《しゅうしゅく》してできる，超高《ちょうこう》密度《みつど》な天体《てんたい》です。大部分《だいぶぶん》が，原子核《げんしかく》の構成要素《こうせいようそ》の一《ひと》つである中性子《ちゅうせいし》からできており，密度《みつど》は1立方《りっぽう》センチメートルあたり約《やく》10億《おく》トンにも達《たっ》します。

褐色矮星《かっしょくわいせい》は，太陽《たいよう》の質量《しつりょう》の8％未《み》満《まん》の軽《かる》い天体《てんたい》です。中心部《ちゅうしんぶ》で核融合《かくゆうごう》反応《はんのう》を持続的《じぞくてき》におこせないため，恒《こう》星《せい》にはなれません。生《う》まれてしばらくは光《ひかり》を出《だ》しますが，しだいに冷《ひ》えて暗《くら》くなっていきます。

恒星《こうせい》を失《うしな》った宇宙《うちゅう》は暗闇《くらやみ》に包《つつ》まれ，冷《ひ》えた天体《てんたい》だけが残《のこ》されます。

褐色矮星《かっしょくわいせい》の想像図《そうぞうず》

1995年末《ねんまつ》に，「Gl229B」という星《ほし》が褐色矮星《かっしょくわいせい》であることがはじめて確認《かくにん》されました。この星《ほし》の光度《こうど》は太陽《たいよう》の10万分《まんぶん》の1程度《ていど》，地球《ちきゅう》からの距離《きょり》はおよそ19光《こう》年《ねん》，半径《はんけい》は木星程度《もくせいていど》，重《おも》さは木星《もくせい》の20～50倍《ばい》でした。それ以降《いこう》，多数《たすう》の褐色《かっしょく》矮星《わいせい》が確認《かくにん》されています。「すばる」としてなじみ深《ぶか》いプレアデス星団《せいだん》は，若《わか》い褐色矮星《かっしょくわいせい》の宝庫《ほうこ》です。

Column

コーヒーブレーク

恒星《こうせい》の最期《さいご》

恒星《こうせい》の一生《いっしょう》は，その質量《しつりょう》によって変《か》わってきます。これまでにいくつか紹介《しょうかい》したシナリオも含《ふく》めて，整理《せいり》してみましょう。

まず，太陽《たいよう》の0.08倍《ばい》（8％）以下《いか》の質量《しつりょう》の場合《ばあい》，核融合反応《かくゆうごうはんのう》がおきずに褐色矮星《かっしょくわいせい》となるので，寿命《じゅみょう》を定義《ていぎ》することができません。それより大《おお》きな質量《しつりょう》をもつ恒星《こうせい》は，核《かく》融合反応《ゆうごうはんのう》をおこし，その一生《いっしょう》の約《やく》9割《わり》の時間《じかん》を主系列星《しゅけいれつせい》※としてすごします。**したがって恒星《こうせい》の寿命《じゅみょう》はほぼ主系列星《しゅけいれつせい》の期間《きかん》といえます。そして，その期間《きかん》を左右《さゆう》するのが恒星《こうせい》の質量《しつりょう》です。**

主系列星《しゅけいれつせい》としての段階《だんかい》で，太陽《たいよう》と同《おな》じ一生《いっしょう》をたどるのは，質量《しつりょう》が太陽《たいよう》の0.08～8倍程度《ばいていど》の星《ほし》だけと計算《けいさん》されています。太陽《たいよう》くらいの質量《しつりょう》の場合《ばあい》，寿命《じゅみょう》はおよそ100億《おく》年《ねん》といわれています。

質量《しつりょう》の大《おお》きな星《ほし》は，それだけ核《かく》融合《ゆうごう》の燃料源《ねんりょうげん》である水素《すいそ》の量《りょう》も多《おお》く，重《おも》い星《ほし》ほど重力《じゅうりょく》によって中《ちゅう》心核《しんかく》が圧縮《あっしゅく》されるので，高温《こうおん》になり，核融合反応《かくゆうごうはんのう》がはげしくおきます。たとえば，質量《しつりょう》が太陽《たいよう》の10倍《ばい》の星《ほし》は，燃料《ねんりょう》も太陽《たいよう》の10倍《ばい》あります。中心核《ちゅうしんかく》の温度《おんど》は2倍《ばい》になり，太《たい》陽《よう》の4700倍《ばい》も明《あか》るく輝《かがや》くと計算《けいさん》されています。したがって燃料《ねんりょう》の消費《しょうひ》も早《はや》く，寿命《じゅみょう》は単純計算《たんじゅんけいさん》で太《たい》陽《よう》の470分《ぶん》の1，約《やく》2000万年《まんねん》ほどになります。**つまり，重《おも》い星《ほし》ほど短命《たんめい》な一生《いっしょう》を送《おく》るのです。**

太陽《たいよう》の0.08～8倍程度《ばいていど》の質量《しつりょう》をもつ恒星《こうせい》は，最期《さいご》に白色矮星《はくしょくわいせい》になります。一方《いっぽう》，質量《しつりょう》が太陽《たいよう》の8～25倍程度《ばいていど》の恒星《こうせい》の場合《ばあい》，最期《さいご》は中《ちゅう》性子星《せいしせい》となります。また質量《しつりょう》が太《たい》陽《よう》の25倍以上《ばいいじょう》あった場合《ばあい》，その寿《じゅ》命《みょう》はおよそ500万年《まんねん》ほどで，最期《さいご》はブラックホールになります。

※：核融合反応のだすエネルギーでみずからの重さを支え，安定して輝いている状態の恒星。

星《ほし》の一生《いっしょう》の送《おく》り方《かた》と寿命《じゅみょう》

星《ほし》はその質量《しつりょう》によって，大《おお》きく分《わ》けて4通《とお》りの一生《いっしょう》の送《おく》り方《かた》があると考《かんが》えられています。そして，質量《しつりょう》が大《おお》きいほど，はげしく核融合反応《かくゆうごうはんのう》がおきるため，寿命《じゅみょう》が短《みじか》くなります。

1. 質量《しつりょう》が太陽《たいよう》の0.08倍以下《ばいいか》の場合《ばあい》

いくら圧縮《あっしゅく》しても中心核《ちゅうしんかく》の温度《おんど》が上《あ》がらず，核融合反《かくゆうごうはん》応《のう》がおきないため，寿命《じゅみょう》を定義《ていぎ》できません。

2. 質量《しつりょう》が太陽《たいよう》の0.08～8倍程度《ばいていど》の場合《ばあい》

寿命《じゅみょう》はおよそ100億年《おくねん》で，太《たい》陽《よう》と同《おな》じ一生《いっしょう》を送《おく》ります（1章《しょう》）。

3. 質量《しつりょう》が太陽《たいよう》の8～25倍程度《ばいていど》の場合《ばあい》

核融合反応《かくゆうごうはんのう》は，水素《すいそ》・ヘリウム……と進《すす》み，最終的《さいしゅうてき》に鉄《てつ》の中心核《ちゅうしんかく》ができます。その後《ご》，みずからの重力《じゅうりょく》によって収縮《しゅうしゅく》をはじめ，超新星爆発《ちょうしんせいばくはつ》をおこします。そして中性子星《ちゅうせいしせい》が残《のこ》ります。このような一生《いっしょう》の場《ば》合《あい》，寿命《じゅみょう》は2000万年《まんねん》ほどです。

4. 質量《しつりょう》が太陽《たいよう》の25倍以上《ばいいじょう》の場合《ばあい》

超新星爆発《ちょうしんせいばくはつ》をおこしたあとに残《のこ》された天体《てんたい》は，ブラックホールとなります。このような一生《いっしょう》を送《おく》る場合《ばあい》，寿命《じゅみょう》は500万年《まんねん》ほど，太陽《たいよう》の2000分《ぶん》の1以下《いか》になります。

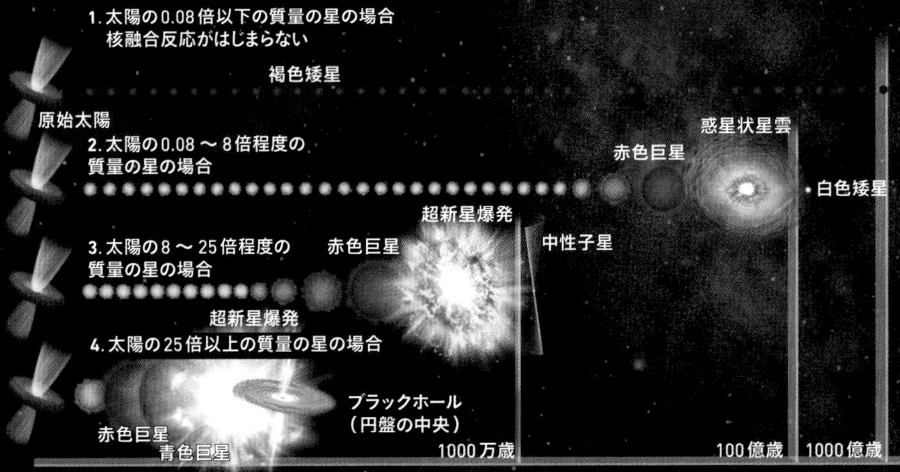

銀河の終わり

暗黒《あんこく》の宇宙《うちゅう》に，ときおり光《ひかり》が放《はな》たれる

ブラックホールは天体《てんたい》を飲《の》みこむとき，明《あか》るく輝《かがや》く

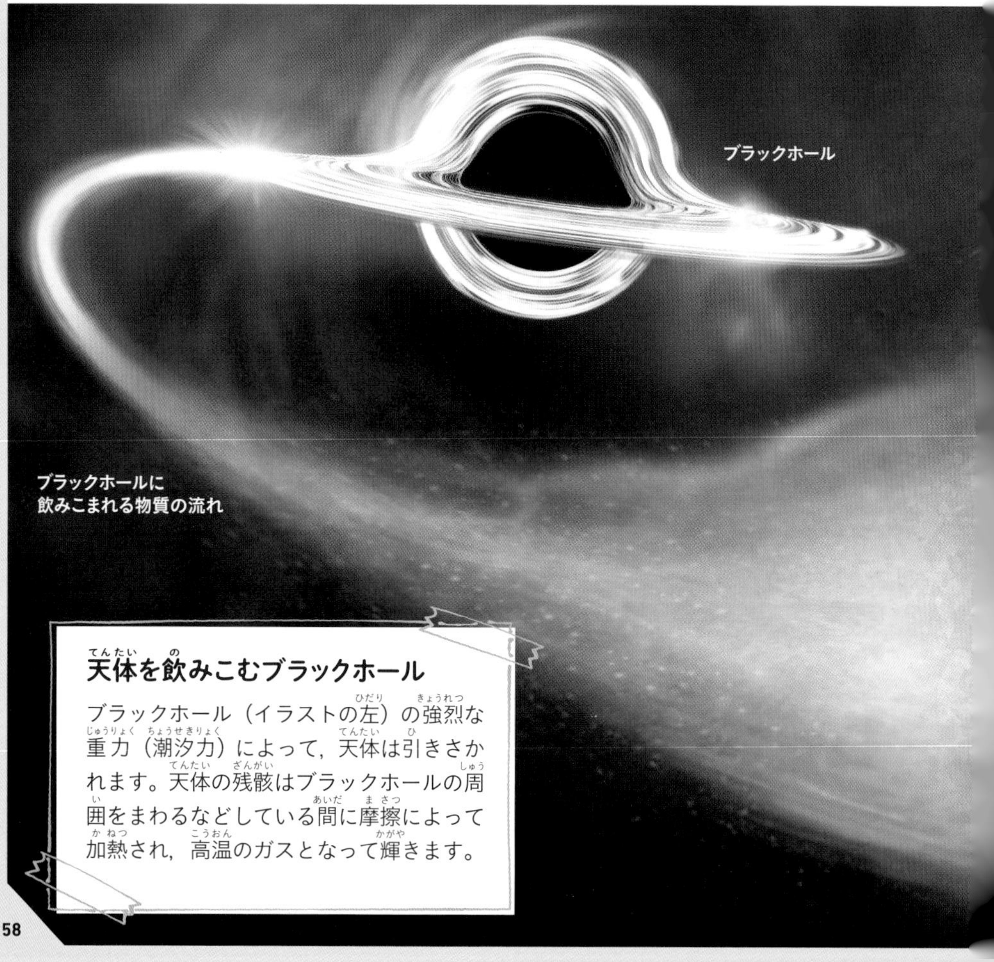

天体《てんたい》を飲《の》みこむブラックホール

ブラックホール（イラストの左《ひだり》）の強烈《きょうれつ》な重力《じゅうりょく》（潮汐力《ちょうせきりょく》）によって，天体《てんたい》は引《ひ》きさかれます。天体《てんたい》の残骸《ざんがい》はブラックホールの周《しゅう》囲《い》をまわるなどしている間《あいだ》に摩擦《まさつ》によって加熱《かねつ》され，高温《こうおん》のガスとなって輝《かがや》きます。

恒《こう》星《せい》が燃《も》えつきたあとの宇宙《うちゅう》は，いつでもどこでも完全《かんぜん》に真《ま》っ暗《くら》というわけではありません。ときおり，ブラックホールが天体《てんたい》を飲《の》みこんだり，天体《てんたい》どうしが衝突《しょうとつ》したりする際《さい》に，輝《かがや》きを放《はな》つことがあるからです。

ブラックホールは，重《おも》い恒星《こうせい》が超《ちょう》新星爆発《しんせいばくはつ》をおこしたあとに，もとの恒星《こうせい》の中心部《ちゅうしんぶ》が収縮《しゅうしゅく》してできる天体《てんたい》です。あまりに強《つよ》い重力《じゅうりょく》のため，中《ちゅう》心部《しんぶ》は際限《さいげん》なく収縮《しゅうしゅく》していき，最終《さいしゅう》的《てき》には1点《てん》（特異点《とくいてん》とよばれます）につぶれてしまいます。特異点《とくいてん》の周《しゅう》囲《い》には，強烈《きょうれつ》な重力《じゅうりょく》によって光《ひかり》さえも脱出不可能《だっしゅつふかのう》な領域《りょういき》ができます。この領域《りょういき》がブラックホールです。

ブラックホール自体《じたい》は光《ひかり》さえも飲《の》みこむため，文字《もじ》どおり，黒《くろ》い穴《あな》のように見《み》えます。**ただし天体《てんたい》などを飲《の》みこむ際《さい》には，その周囲《しゅうい》が明《あか》るく輝《かがや》きます。飲《の》みこまれる天体《てんたい》が引《ひ》きさかれ，高温《こうおん》のガスとなって光《ひかり》を発《はっ》するからです。**

注：ブラックホールのイラストは，NASAの2019年9月26日発表のニュースリリース「NASA Visualization Shows a Black Hole's Warped World」の動画を参考にえがきました。

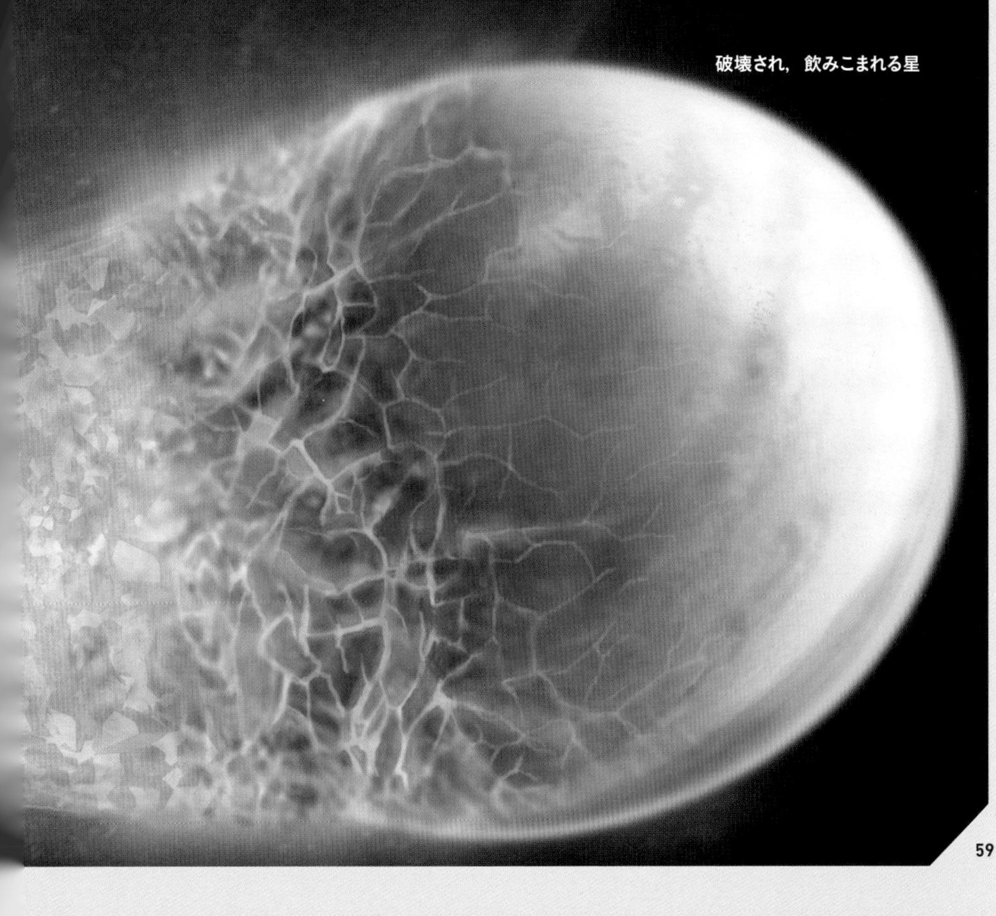

銀河の終わり

銀河《ぎんが》を構成《こうせい》する星《ほし》たちはどうなっていくのか

広大《こうだい》な宇宙空間《うちゅうくうかん》へと飛《と》びだしていく

銀河《ぎんが》も永遠《えいえん》の存在《そんざい》ではありません。**銀河《ぎんが》を構成《こうせい》している天体《てんたい》たちが広大《こうだい》な宇宙空間《うちゅうくうかん》へと飛《と》びだしていくなどで，銀河《ぎんが》がしだいに“蒸発《じょうはつ》”していくからです。**

天体《てんたい》たちは銀河《ぎんが》の中《なか》でつねに動《うご》いています。たとえば，太陽系《たいようけい》も天《あま》の川銀河《がわぎんが》の中《なか》を2億数千万年《おくすうせんまんねん》の周期《しゅうき》で公転《こうてん》しています。こうした天体《てんたい》どうしはまれに接近遭遇《せっきんそうぐう》し，たがいの重力《じゅうりょく》の影響《えいきょう》を受《う》けて，軌道《きどう》が変《か》わってしまうことがあります。すると，天《てん》体《たい》の一方《いっぽう》がいきおいを失《うしな》って銀河《ぎんが》の中心《ちゅうしん》に“落下《らっか》”し，他方《たほう》の天体《てんたい》が逆《ぎゃく》にいきおいを得《え》て銀河《ぎんが》からはなれていく，といったこともおきます。こうしたことがくりかえされ，10^{20}年後《ねんご》※ごろには銀河《ぎんが》から天体《てんたい》が消《き》え去《さ》ってしまい，巨大《きょだい》なブラックホールだけが取《と》り残《のこ》されるのです。

なお，銀河《ぎんが》を飛《と》びだした天体《てんたい》たちは，10^{34}年後以降《ねんごいこう》，消滅《しょうめつ》すると考《かんが》えられています。

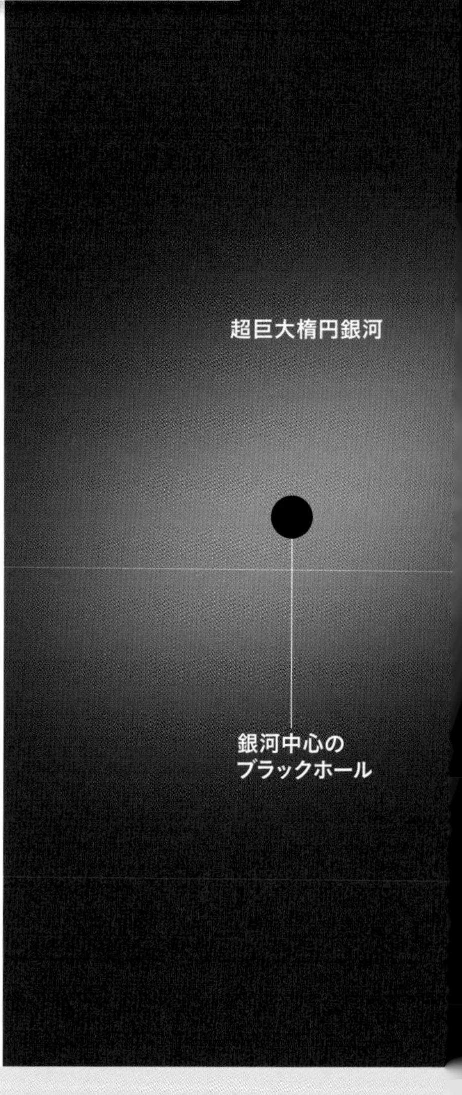

※：1垓年後。1垓は1兆の1億倍。

銀河《ぎんが》が蒸発《じょうはつ》した宇宙《うちゅう》のイメージ

銀河《ぎんが》を構成《こうせい》している天体《てんたい》たちは，しだいに銀河《ぎんが》からはなれ，巨大《きょだい》なブラックホールのみが取《と》り残《のこ》されます。

銀河《ぎんが》には巨大《きょだい》なブラックホールだけが残《のこ》る

銀河《ぎんが》に残《のこ》された天体《てんたい》を飲《の》みこんで，さらに巨大化《きょだいか》する

銀河《ぎんが》の中心《ちゅうしん》には，一般《いっぱん》に巨大《きょだい》なブラックホールが存在《そんざい》しています。その質量《しつりょう》は，太陽《たいよう》の質量《しつりょう》の100万倍《まんばい》から数百億倍《すうひゃくおくばい》にも達《たっ》します。現在《げんざい》の銀河団《ぎんがだん》などからできる未来《みらい》の超巨大楕円銀河《ちょうきょだいだえんぎんが》（42～43ページ）の中心《ちゅうしん》にも，巨大《きょだい》なブラックホールが鎮座《ちんざ》しているはずです。太陽《たいよう》の1億倍《おくばい》の質量《しつりょう》のブラックホールの半径《はんけい》※1は，約《やく》3億《おく》キロメートルで，これは太陽《たいよう》・地球間《ちきゅうかん》の距離《きょり》（1天文単位《てんもんたんい》）の約《やく》2倍《ばい》にあたります※2。

天体《てんたい》どうしの接近遭遇《せっきんそうぐう》などで銀河《ぎんが》の中心《ちゅうしん》に落《お》ちていった天体《てんたい》（前《ぜん》ページ）の多《おお》くは，最終的《さいしゅうてき》には，ブラックホールに飲《の》みこまれます。その中《なか》には，恒星《こうせい》が超新星爆発《ちょうしんせいばくはつ》をおこしたあとに残《のこ》される小《ちい》さなブラックホールも含《ふく》まれます。太陽《たいよう》の10倍《ばい》の質量《しつりょう》の場合《ばあい》，その半径《はんけい》は30キロメートルほどです。こうして銀河中心《ぎんがちゅうしん》の巨大《きょだい》ブラックホールは，飲《の》みこんだ天体《てんたい》の質量《しつりょう》の分《ぶん》だけ，その大《おお》きさを増《ま》していきます。

※1：光が出てこられなくなる半径のこと。シュヴァルツシルト半径とよばれます。

※2：ブラックホールは普通の物質とはことなり，質量に比例して半径が大きくなっていきます。つまり質量が2倍になれば，半径も2倍になります。一方，普通の物質でできた密度一定の球体の場合，質量が8倍になってようやく半径が2倍になります（質量は半径の3乗に比例）。

巨大化《きょだいか》する銀河《ぎんが》の中心《ちゅうしん》のブラックホール

銀河中心《ぎんがちゅうしん》のブラックホールは長《なが》い年月《ねんげつ》をかけて，さまざまな天体《てんたい》を飲《の》みこんでいきます。イラストは，小《ちい》さなブラックホールを飲《の》みこんで巨大化《きょだいか》していく，ブラックホールのイメージです。

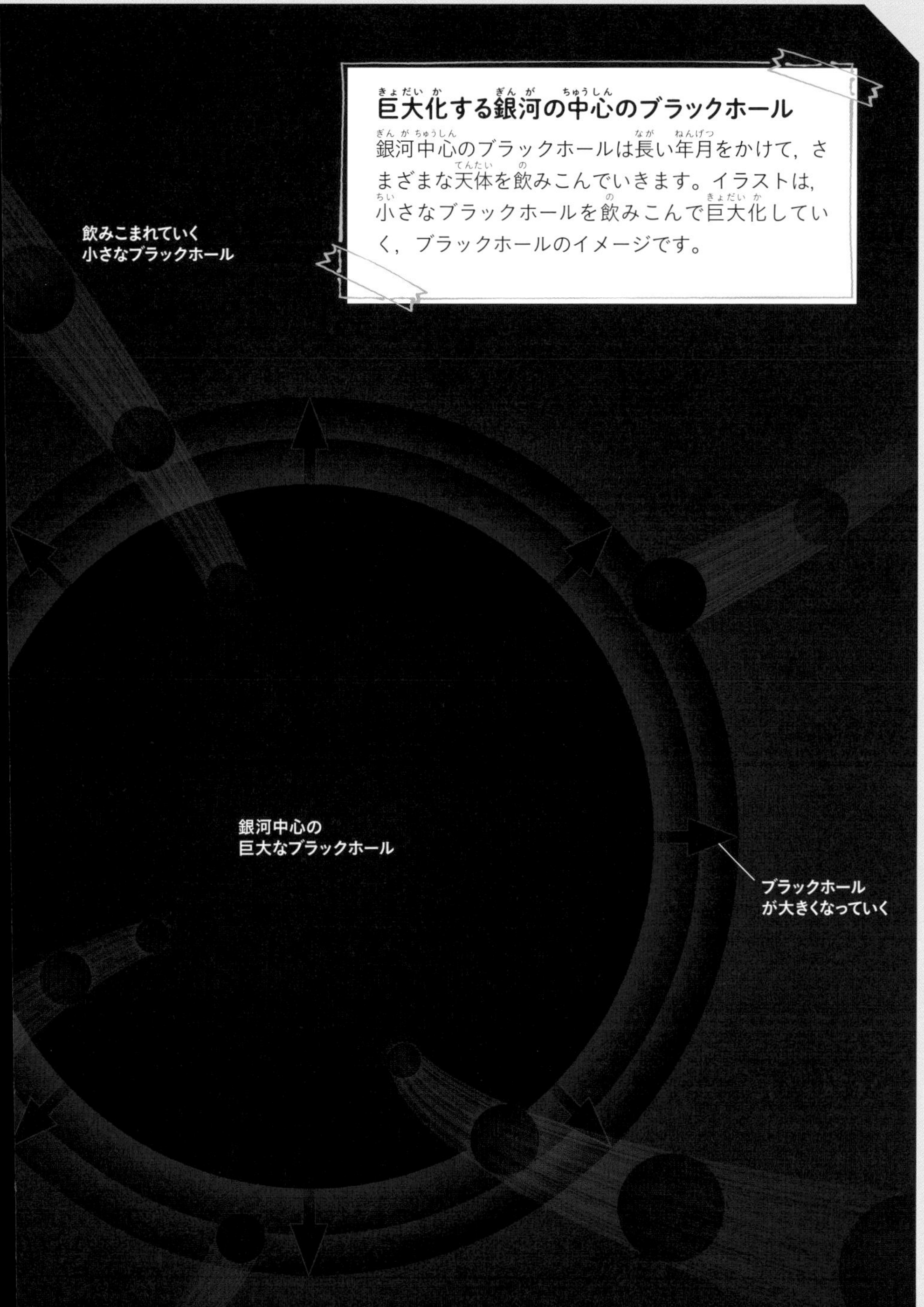

Column

コーヒーブレーク

陽子《ようし》の数《かず》が原子《げんし》の種類《しゅるい》を決《き》める

周期表《しゅうきひょう》

各元素《かくげんそ》のアルファベットの上《うえ》にある数字《すうじ》は「原子番号《げんしばんごう》」です。一般《いっぱん》に原子番号《げんしばんごう》の大《おお》きい順《じゅん》にその元素《げんそ》の原子《げんし》は重《おも》くなります。原子番号《げんしばんごう》は，その元素《げんそ》がもつ陽子《ようし》の数《かず》に一致《いっち》します。

遷移元素※

	1族	2族	3族	4族	5族	6族	7族
第1周期	1 水素 H 1.008						
第2周期	3 リチウム Li 6.941	4 ベリリウム Be 9.012					
第3周期	11 ナトリウム Na 22.99	12 マグネシウム Mg 24.31					
第4周期	19 カリウム K 39.10	20 カルシウム Ca 40.08	21 スカンジウム Sc 44.96	22 チタン Ti 47.87	23 バナジウム V 50.94	24 クロム Cr 52.00	25 マンガン Mn 54.94
第5周期	37 ルビジウム Rb 85.47	38 ストロンチウム Sr 87.62	39 イットリウム Y 88.91	40 ジルコニウム Zr 91.22	41 ニオブ Nb 92.91	42 モリブデン Mo 95.95	43 テクネチウム Tc (99)
第6周期	55 セシウム Cs 132.9	56 バリウム Ba 137.3	57～71 ランタノイド	72 ハフニウム Hf 178.5	73 タンタル Ta 180.9	74 タングステン W 183.8	75 レニウム Re 186.2
第7周期	87 フランシウム Fr (223)	88 ラジウム Ra (226)	89～103 アクチノイド	104 ラザホージウム Rf (267)	105 ドブニウム Db (268)	106 シーボーギウム Sg (271)	107 ボーリウム Bh (272)

57～71 ランタノイド	57 ランタン La 138.9	58 セリウム Ce 140.1	59 プラセオジム Pr 140.9	60 ネオジム Nd 144.2
89～103 アクチノイド	89 アクチニウム Ac (227)	90 トリウム Th 232.0	91 プロトアクチニウム Pa 231.0	92 ウラン U 238.0

データ出典

原子量：日本化学会原子量専門委員会が2020年に発表した4けたの原子量，『理科年表 2020年度版』(丸善)

※：3～12族の元素。3～11族の元素とする場合もありますが，2018年に日本化学会は，12族の元素も含めることを推奨しています。

ここで，原子《げんし》について少《すこ》しおさらいをしましょう。

あらゆる物質《ぶっしつ》は原子《げんし》からできています。宇宙《うちゅう》に存在《そんざい》するブラックホール以外《いがい》の天体《てんたい》も，もとを正《ただ》せば原子《げんし》です。

原子《げんし》の中心《ちゅうしん》にはプラスの電気《でんき》をもった「原子核《げんしかく》」があり，その周囲《しゅうい》にマイナスの電気《でんき》をもった「電子《でんし》」が分布《ぶんぷ》しています。原子核《げんしかく》は，プラスの電気《でんき》をもった「陽子《ようし》」と，電気的《でんきてき》に中性《ちゅうせい》な「中性子《ちゅうせいし》」からなります。

原子核《げんしかく》に含《ふく》まれる陽子《ようし》の数《かず》は，原子《げんし》の種類《しゅるい》（元素《げんそ》）によってことなるため，陽子《ようし》の数《かず》が原子番号《げんしばんごう》として使《つか》われます。**つまり陽子《ようし》の数《かず》こそが，原子《げんし》の種類《しゅるい》を決《き》める重要《じゅうよう》な要素《ようそ》なのです。**

ところが遠《とお》い将来《しょうらい》，この陽子《ようし》が崩壊《ほうかい》するといいます。いったい，どういうことでしょう？　次《つぎ》のページで説明《せつめい》します。

注：原子番号104番以降の元素の化学的性質はまだよくわかっていません。

8族	9族	10族	11族	12族	13族	14族	15族	16族	17族	18族
										2 ヘリウム He 4.003
					5 ホウ素 B 10.81	6 炭素 C 12.01	7 窒素 N 14.01	8 酸素 O 16.00	9 フッ素 F 19.00	10 ネオン Ne 20.18
					13 アルミニウム Al 26.98	14 ケイ素 Si 28.09	15 リン P 30.97	16 硫黄 S 32.07	17 塩素 Cl 35.45	18 アルゴン Ar 39.95
26 鉄 Fe 55.85	27 コバルト Co 58.93	28 ニッケル Ni 58.69	29 銅 Cu 63.55	30 亜鉛 Zn 65.38	31 ガリウム Ga 69.72	32 ゲルマニウム Ge 72.63	33 ヒ素 As 74.92	34 セレン Se 78.97	35 臭素 Br 79.90	36 クリプトン Kr 83.80
44 ルテニウム Ru 101.1	45 ロジウム Rh 102.9	46 パラジウム Pd 106.4	47 銀 Ag 107.9	48 カドミウム Cd 112.4	49 インジウム In 114.8	50 スズ Sn 118.7	51 アンチモン Sb 121.8	52 テルル Te 127.6	53 ヨウ素 I 126.9	54 キセノン Xe 131.3
76 オスミウム Os 190.2	77 イリジウム Ir 192.2	78 白金 Pt 195.1	79 金 Au 197.0	80 水銀 Hg 200.6	81 タリウム Tl 204.4	82 鉛 Pb 207.2	83 ビスマス Bi 209.0	84 ポロニウム Po (210)	85 アスタチン At (210)	86 ラドン Rn (222)
108 ハッシウム Hs (277)	109 マイトネリウム Mt (276)	110 ダームスタチウム Ds (281)	111 レントゲニウム Rg (280)	112 コペルニシウム Cn (285)	113 ニホニウム Nh (278)	114 フレロビウム Fl (289)	115 モスコビウム Mc (289)	116 リバモリウム Lv (293)	117 テネシン Ts (293)	118 オガネソン Og (294)

61 プロメチウム Pm (145)	62 サマリウム Sm 150.4	63 ユウロピウム Eu 152.0	64 ガドリニウム Gd 157.3	65 テルビウム Tb 158.9	66 ジスプロシウム Dy 162.5	67 ホルミウム Ho 164.9	68 エルビウム Er 167.3	69 ツリウム Tm 168.9	70 イッテルビウム Yb 173.0	71 ルテチウム Lu 175.0
93 ネプツニウム Np (237)	94 プルトニウム Pu (239)	95 アメリシウム Am (243)	96 キュリウム Cm (247)	97 バークリウム Bk (247)	98 カリホルニウム Cf (252)	99 アインスタイニウム Es (252)	100 フェルミウム Fm (257)	101 メンデレビウム Md (258)	102 ノーベリウム No (259)	103 ローレンシウム Lr (262)

10^{34}年後《ねんご》, ブラックホール以外《いがい》の天体《てんたい》は消滅《しょうめつ》する

陽子《ようし》が崩壊《ほうかい》し, いずれ原子《げんし》が消滅《しょうめつ》する

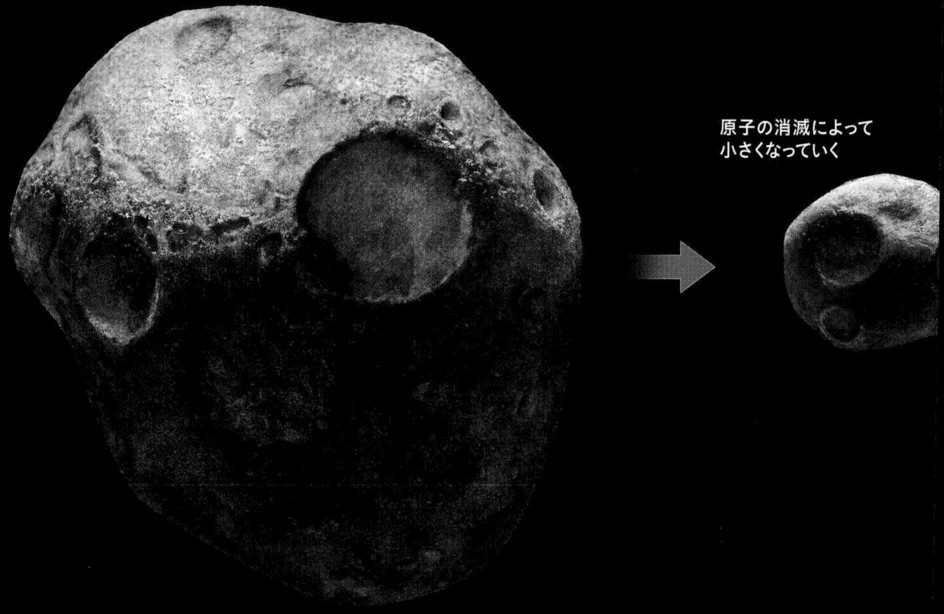

岩石でできた小惑星

陽子《ようし》が崩壊《ほうかい》し，原子《げんし》が消滅《しょうめつ》すると，物体《ぶったい》の消滅《しょうめつ》を引《ひ》きおこす

岩石《がんせき》でできた小惑星《しょうわくせい》が，陽子崩壊《ようしほうかい》の影響《えいきょう》を受《う》けて徐々《じょじょ》に消滅《しょうめつ》していくイメージです。陽子《ようし》の寿命《じゅみょう》とは，陽子《ようし》の数《かず》がもとの約《やく》2.7分《ぶん》の1に減《へ》るまでにかかる時間《じかん》です。陽子《ようし》は寿命《じゅみょう》がきた瞬間《しゅんかん》に崩壊《ほうかい》するのではなく，寿命《じゅみょう》より早《はや》く崩壊《ほうかい》するものもあれば，遅《おそ》く崩壊《ほうかい》するものもあります。

ブラックホール以外《いがい》の天体《てんたい》は原《げん》子《し》からできていますが※，原子《げんし》もいずれ死《し》をむかえると考《かんが》えられています。

原子《げんし》の構成要素《こうせいようそ》の一《ひと》つである陽子《ようし》は，非常《ひじょう》に長《なが》い年月《ねんげつ》がたつと崩壊《ほうかい》をおこすと予測《よそく》されています。陽子崩《ようしほう》壊《かい》がおきると，原子核《げんしかく》の中《なか》に存在《そんざい》する中性子《ちゅうせいし》や，中性子星《ちゅうせいしせい》を形《かたち》づくっている中性子《ちゅうせいし》も安定《あんてい》ではいられなくなり，いずれ崩壊《ほうかい》してしまいます。

原子核《げんしかく》の中《なか》の陽子《ようし》や中性子《ちゅうせいし》が崩壊《ほうかい》していけば，いずれ原子《げんし》も消滅《しょうめつ》します。すると，原子《げんし》からできているあらゆる物体《ぶったい》も，消滅《しょうめつ》していくことになります。

陽子《ようし》の寿命《じゅみょう》は10^{34}年《ねん》（1兆年《ちょうねん》の1兆倍《ちょうばい》の100億倍《おくばい》）程度《ていど》か，それ以上《いじょう》ではないかと考《かんが》えられています。**つまり10^{34}年後以降《ねんごいこう》，宇宙《うちゅう》からはブラックホール以外《いがい》のあらゆる天体《てんたい》・物体《ぶったい》が消滅《しょうめつ》していくのです。**

※：中性子星は例外で，原子の構成要素の一つである中性子が主な構成要素です。

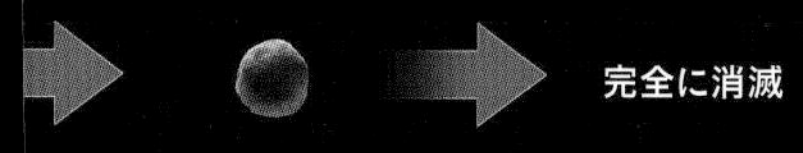

陽子崩壊《ようしほうかい》のイメージ

陽子《ようし》はまず，陽電子《ようでんし》（電子《でんし》と同《おな》じ質量《しつりょう》で，プラスの電気《でんき》をおびた素粒子《そりゅうし》）とπ^0中間子《ちゅうかんし》（電子《でんし》より重《おも》く，陽子《ようし》や中性子《ちゅうせいし》より軽《かる》い粒子《りゅうし》）に分《わ》かれます。π^0中間子《ちゅうかんし》は不安定《ふあんてい》で，すぐに二《ふた》つの光子《こうし》（光《ひかり》の素粒子《そりゅうし》）に分《わ》かれます。また，陽電子《ようでんし》は，周囲《しゅうい》の電子《でんし》と出会《であ》うと電子《でんし》とともに消滅《しょうめつ》し，光子《こうし》に変《か》わります。これを「対消滅《ついしょうめつ》」といいます。

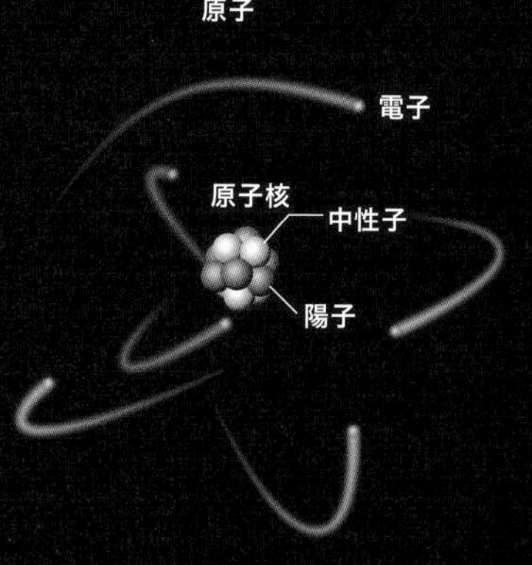

ブラックホールも永遠《えいえん》ではない

ゆっくりと“蒸発《じょうはつ》”し，小《ちい》さくなっていく

宇《う》宙《ちゅう》に残《のこ》されたブラックホールも，永遠《えいえん》の存在《そんざい》ではありません。**ブラックホールはいずれ，“蒸《じょう》発《はつ》”すると考《かんが》えられています。**

炭《すみ》などの物体《ぶったい》は，熱《ねっ》すると光《ひかり》を発《はっ》します。これは，「熱放射《ねつほうしゃ》」とよばれる現象《げんしょう》です。ブラックホールの“蒸《じょう》発《はつ》”も，一種《いっしゅ》の熱放射《ねつほうしゃ》とみなせます。**ブラックホールはごくわずかですが，ある種《しゅ》の熱《ねつ》をもっているのです。**

宇宙《うちゅう》には，「宇宙背景放射《うちゅうはいけいほうしゃ》」とよばれる弱《よわ》い光《ひかり》が飛《と》びかっています。現在《げんざい》の宇宙背景放射《うちゅうはいけいほうしゃ》の温度《おんど》はブラックホールの温度《おんど》よりも高《たか》いため，ブラックホールから熱《ねつ》が逃《に》げることはありません。

しかし，宇宙《うちゅう》の膨張《ぼうちょう》が進《すす》むと宇宙《うちゅう》背景放射《はいけいほうしゃ》の温度《おんど》がどんどん下《さ》がっていき，やがてブラックホールよりも低《ひく》くなります。するとブラックホールから出《で》ていく熱放射《ねつほうしゃ》のエネルギーのほうが大《おお》きくなってしまい，まるで蒸発《じょうはつ》するように小《ちい》さくなっていくのです。

微弱《びじゃく》な光《ひかり》を放《はな》つブラックホール

ブラックホールがわずかに熱《ねつ》をもち，微弱《びじゃく》な光《ひかり》を発《はっ》しているようすをえがきました。

10^{100}年後《ねんご》，ブラックホールすら消滅《しょうめつ》してしまう

“蒸発《じょうはつ》”は，徐々《じょじょ》にスピードを増《ま》していく

ブラックホールの温度《おんど》は，ブラックホールの質量《しつりょう》が小《ちい》さいほど，高《たか》くなります。そのためブラックホールは，“蒸発《じょうはつ》”して質量《しつりょう》が減《へ》るほど，温度《おんど》が高《たか》くなります。

ブラックホールの“蒸発《じょうはつ》”は，最初《さいしょ》はゆっくりとはじまるものの，ブラックホールの質量《しつりょう》が減《へ》って温度《おんど》が上《あ》がっていくにつれて，スピードを増《ま》していきます。そして最終的《さいしゅうてき》には，爆発的《ばくはつてき》ないきおいで光《ひかり》やさまざまな素粒子《そりゅうし》を放出《ほうしゅつ》して，消滅《しょうめつ》してしまうと考《かんが》えられています。

ブラックホールが消滅《しょうめつ》してしまうまでには，途方《とほう》もない年月《ねんげつ》がかかります。太陽《たいよう》の質量程度《しつりょうていど》の軽《かる》いブラックホールでも，その寿命《じゅみょう》は約《やく》10^{67}年《ねん》にもなります。**一方《いっぽう》，銀河《ぎんが》の中心《ちゅうしん》にある巨大《きょだい》なブラックホールが消滅《しょうめつ》するまでには，10^{100}年《ねん》もかかると予想《よそう》されています。**

爆発的《ばくはつてき》な“蒸発《じょうはつ》”をおこし，消滅《しょうめつ》するブラックホール

膨大《ぼうだい》な年月《ねんげつ》をかけて“蒸発《じょうはつ》”をつづけ，小《ちい》さくなったブラックホール（イラストの黒《くろ》い穴《あな》）が，爆発的《ばくはつてき》な“蒸発《じょうはつ》”をおこし，消滅《しょうめつ》する寸前《すんぜん》のイメージです。ブラックホールは高温《こうおん》になるにつれて，光《ひかり》（電磁波《でんじは》）に加《くわ》えて，電《でん》子《し》などのさまざまな素粒子《そりゅうし》も放出《ほうしゅつ》するようになります。

銀河の終わり

陽子《ようし》が崩壊《ほうかい》しない場合《ばあい》，天体《てんたい》は“鉄《てつ》の星《ほし》”だらけに？

鉄《てつ》がつくられると，核融合反応《かくゆうごうはんのう》がおこらなくなる

もし，陽子崩壊《ようしほうかい》がおきない場合《ばあい》，宇宙《うちゅう》の未来《みらい》はどうなるのでしょうか。

恒星《こうせい》の中心部《ちゅうしんぶ》では，原子核《げんしかく》どうしが融合《ゆうごう》して，より重《おも》い原子核《げんしかく》をつくる核融合反応《かくゆうごうはんのう》がおきています。**しかし恒星《こうせい》の中《なか》で核融合反応《かくゆうごうはんのう》が進《すす》み，鉄《てつ》がつくられると，それ以上《いじょう》は核融合反応《かくゆうごうはんのう》はおきなくなります。**鉄《てつ》の原子核《げんしかく》が最《もっと》も安定《あんてい》であり，それ以上核融合《いじょうかくゆうごう》をおこすことは，エネルギー的《てき》に損《そん》だからです。

恒星《こうせい》の中心部《ちゅうしんぶ》とちがい，普通《ふつう》の物質《ぶっしつ》（たとえば私《わたし》たちの体《からだ》の中《なか》）では，核融合《かくゆうごう》はおきていません。しかし，「トンネル効果《こうか》※」とよばれる現象《げんしょう》を考慮《こうりょ》すると，ごくまれに原子核《げんしかく》どうしが接近《せっきん》し，融合《ゆうごう》してしまうことがおきうるといいます。きわめてまれにしかおきないので，通常《つうじょう》は無視《むし》できます。しかし，**著《ちょ》名《めい》な理論物理学者《りろんぶつりがくしゃ》フリーマン・ダイソン（1923～2020）の計算《けいさん》によると，10^{1500}年後《ねんご》という途方《とほう》もない未来《みらい》には，あらゆる原子《げんし》がこのトンネル効果《こうか》などによって鉄《てつ》の原《げん》子《し》になってしまうといいます。**今《いま》ある鉄《てつ》よりも重《おも》い原子核《げんしかく》も，崩壊《ほうかい》や核分裂《かくぶんれつ》をおこして鉄《てつ》の原子核《げんしかく》に変化《へんか》します。そのころに宇宙《うちゅう》に残《のこ》っている原子《げんし》からできた天体《てんたい》は，すべて“鉄《てつ》の星《ほし》”になってしまうのです。

さらにダイソンは，$10^{10^{76}}$年後《ねんご》ごろには鉄《てつ》の星《ほし》はさらに安定《あんてい》な，中《ちゅう》性子星《せいしせい》またはブラックホールに変《へん》化《か》すると予想《よそう》しています。

※：ミクロな世界の物理法則である「量子論」にしたがって，粒子が自分のもつ運動エネルギーよりも高い障壁を，あたかもトンネルを通ったかのように乗りこえる現象。

あらゆる天体《てんたい》が“鉄《てつ》の星《ほし》”になった未来《みらい》

イラストは，岩石《がんせき》でできている惑星《わくせい》や衛星《えいせい》などの天《てん》体《たい》が，遠《とお》い将来《しょうらい》に“鉄《てつ》の星《ほし》”に変化《へんか》したイメージです。

Column

コーヒーブレーク

ブラックホールは新《あら》たな宇宙《うちゅう》を生《う》みだす?

ブラックホールは，途方《とほう》もない未来《みらい》に消滅《しょうめつ》すると考《かんが》えられています（68～71ページ）。東京大学《とうきょうだいがく》ビッグバン宇宙国際研究《うちゅうこくさいけんきゅう》センターの横山順一教授《よこやまじゅんいちきょうじゅ》らは，さらに興味深《きょうみぶか》い予言《よげん》をしています。**「ブラックホールが消滅《しょうめつ》する際《さい》に，そこから“新《あら》たな宇宙《うちゅう》”が生《う》まれる可能性《かのうせい》がある」というのです。**

ブラックホールが“蒸発《じょうはつ》”する直前《ちょくぜん》には，ブラックホールのごく近《ちか》くの領域《りょういき》が，ビッグバンのころのように超高温《ちょうこうおん》になると考《かんが》えられます。すると，その領域《りょういき》の空間《くうかん》がブラックホールの内側《うちがわ》に向《む》けて膨張《ぼうちょう》していき，新《あら》たな宇宙《うちゅう》をつくりだす可能性《かのうせい》があるというのです。

ただし，不思議《ふしぎ》なことに，ブラックホールの消滅《しょうめつ》を外《そと》から見《み》ている観測者《かんそくしゃ》からは，何《なに》も残《のこ》らないように見《み》えるといいます。つまり，私《わたし》たちの宇宙《うちゅう》とは，つながりが切《き》れた，新《あら》たな宇宙《うちゅう》が生《う》まれるのです。

ブラックホールが消滅《しょうめつ》する際《さい》に新《あたら》しい宇宙《うちゅう》が生《う》まれる!?

ブラックホールが“蒸発《じょうはつ》”する直前《ちょくぜん》には，ビッグバンのころのような超高温領域《ちょうこうおんりょういき》ができるため，新《あら》たな宇宙《うちゅう》ができる可能性《かのうせい》が考《かんが》えられています。

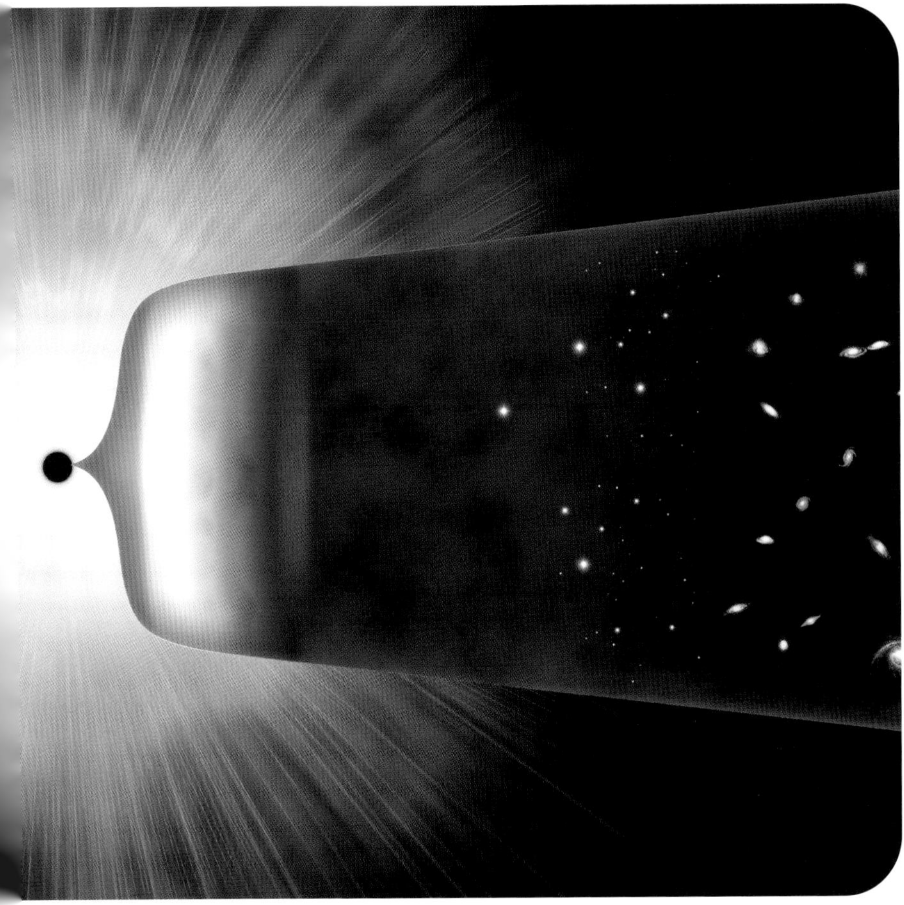

3

宇宙《うちゅう》の死《し》と再生《さいせい》

1章《しょう》と2章《しょう》では，地球《ちきゅう》や太陽《たいよう》，銀河《ぎんが》などの，天体《てんたい》の終《お》わりについて紹介《しょうかい》しました。では，宇宙空間全体《うちゅうくうかんぜんたい》にはどのような未来《みらい》が訪《おとず》れ，どのような終《お》わり方《かた》をするのでしょうか。3章《しょう》では，宇宙《うちゅう》の終《お》わりと生《う》まれ変《か》わりについてみていきましょう。

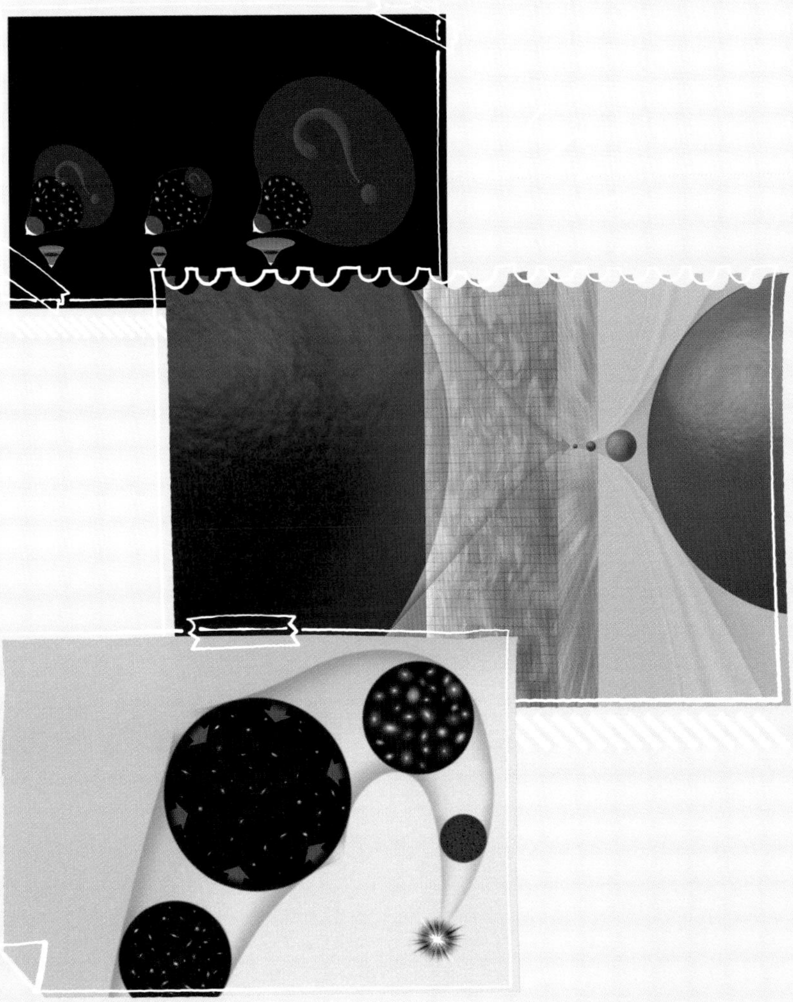

宇宙《うちゅう》の未来《みらい》を決《き》める『ダークエネルギー』

宇宙空間《うちゅうくうかん》を満《み》たす謎《なぞ》のエネルギー

宇《う》宙《ちゅう》がどのような未来《みらい》を歩《あゆ》んでいくのか，そのかぎをにぎるのが「ダークエネルギー（暗《あん》黒《こく》エネルギー）」です。**ダークエネルギーとは，宇宙空間《うちゅうくうかん》をあまねく満《み》たしている正体不明《しょうたいふめい》のエネルギーで，宇宙《うちゅう》の膨張《ぼうちょう》を加速《かそく》するもとになっていると考《かんが》えられています。**

宇宙《うちゅう》の膨張《ぼうちょう》が発見《はっけん》された当初《とうしょ》，宇宙《うちゅう》の膨張速度《ぼうちょうそくど》は，徐々《じょじょ》に遅《おそ》くなっていると考《かんが》えられました。天体《てんたい》などの重力《じゅうりょく》が，空間《くうかん》の膨張《ぼうちょう》を引《ひ》きもどす作用《さよう》をすることがわかっていたためです。

ところが20 世紀《せいき》の終《お》わりごろ，宇宙《うちゅう》の遠方《えんぼう》の超新星爆発《ちょうしんせいばくはつ》の観測《かんそく》によって，宇宙《うちゅう》が加速膨張《かそくぼうちょう》していることが明《あき》らかになりました。この発見《はっけん》は，天文学者《てんもんがくしゃ》や物理学者《ぶつりがくしゃ》に大《おお》きな衝撃《しょうげき》をあたえました。**通常《つうじょう》の重力《じゅうりょく》とは逆《ぎゃく》に，空間《くうかん》を押《お》し広《ひろ》げる「反発力《はんぱつりょく》の作用《さよう》」をもつ何《なに》かが，宇《う》宙空間《ちゅうくうかん》を満《み》たしていると考《かんが》えざるをえなかったからです。**

この正体不明《しょうたいふめい》の“何《なに》か”は，ダークエネルギーと名《な》づけられました。

宇宙の一部

加速膨張《かそくぼうちょう》する宇宙《うちゅう》

宇宙《うちゅう》が加速《かそく》しながら膨張《ぼうちょう》しているイメージです。宇宙全体《うちゅうぜんたい》を絵《え》にすることはできないので，宇宙《うちゅう》の一《いち》部《ぶ》の領域《りょういき》を球《きゅう》で表現《ひょうげん》しています。

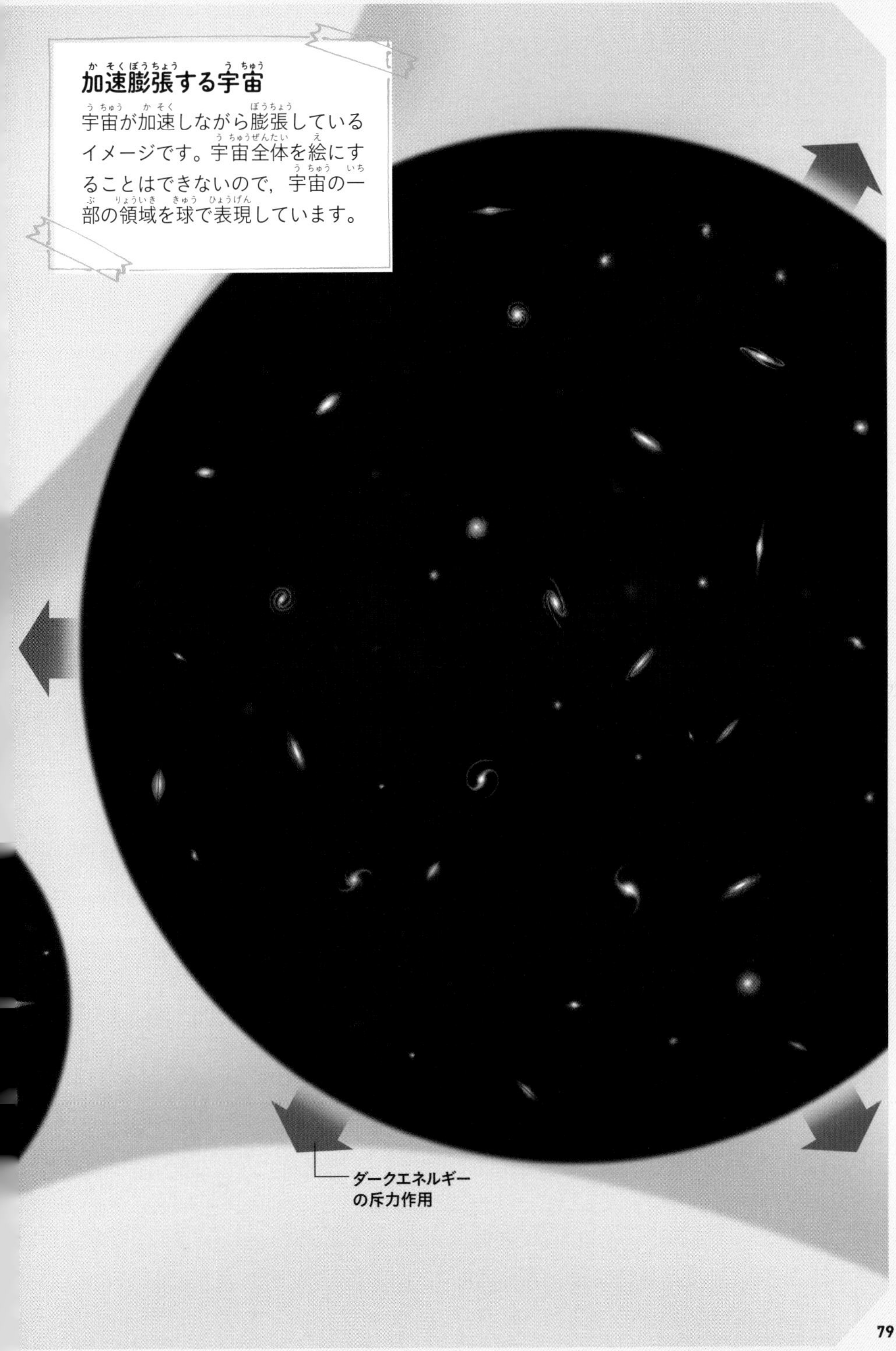

ダークエネルギーの不思議《ふしぎ》な性質《せいしつ》

空間《くうかん》がふえると“わきでてくる”

空間《くうかん》が膨張《ぼうちょう》すると，当然《とうぜん》ながら，その中《なか》の物質《ぶっしつ》は，ふえた空間《くうかん》の分《ぶん》だけ密度《みつど》が減《へ》ります。空間《くうかん》が膨張《ぼうちょう》しても，中《なか》の物質《ぶっしつ》の質量《しつりょう》はふえないからです。**しかし，ダークエネルギーは，普通《ふつう》の物質《ぶっしつ》とはことなり，空間《くうかん》が膨張《ぼうちょう》しても密度《みつど》が変《か》わらないと考《かんが》えられています**。つまり，空間《くうかん》がふえた分《ぶん》だけ，ダークエネルギーがどこからともなく“わきでてくる”というのです。

その理由《りゆう》は今《いま》のところわかっていませんが，理論的《りろんてき》にいちばん単純《たんじゅん》なのは，ダークエネルギーの密度《みつど》がつねに一定《いってい》というケースです。この場《ば》合《あい》のダークエネルギーは，「宇宙定《うちゅうてい》数《すう》」ともよばれます。

これまでの天文観測《てんもんかんそく》によれば，ダークエネルギーの密度《みつど》は誤差《ごさ》の範囲《はんい》で一定《いってい》のようです。しかし，より精《せい》密《みつ》に測定《そくてい》すれば，わずかにダークエネルギーの密度《みつど》が変化《へんか》していることが判明《はんめい》するかもしれません。

ダークエネルギーは，空間《くうかん》が膨張《ぼうちょう》しても密度《みつど》が減《へ》らない

ダークエネルギーが満《み》ちた空間《くうかん》（立方体《りっぽうたい》で表現《ひょうげん》）が膨張《ぼうちょう》するようすのイメージです。ダークエネルギーを便宜上《べんぎじょう》，紫色《むらさきいろ》の点《てん》の集《あつ》まりで表現《ひょうげん》しました。ダークエネルギーは空間《くうかん》が膨張《ぼうちょう》しても，膨張《ぼうちょう》した分《ぶん》，ふえるので，密度《みつど》が一定《いってい》に保《たも》たれます。

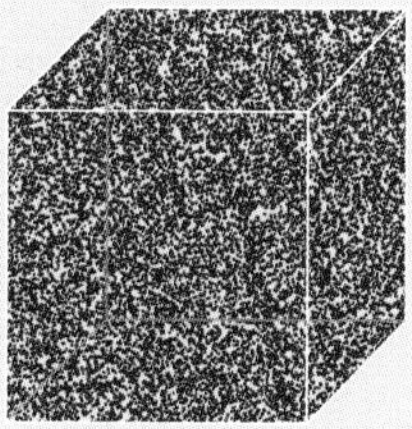

ダークエネルギーが満ちた空間

通常《つうじょう》の物質《ぶっしつ》は，空間《くうかん》が膨張《ぼうちょう》すると密度《みつど》が下《さ》がる

通常《つうじょう》の物質《ぶっしつ》のガスが満《み》ちた空間《くうかん》（立方体《りっぽうたい》で表現《ひょうげん》）が膨張《ぼうちょう》するようすをえがきました。ガスの分《ぶん》子《し》を赤色《あかいろ》の点《てん》で表現《ひょうげん》しています。分《ぶん》子《し》の数《かず》は，空間《くうかん》が膨張《ぼうちょう》しても変《か》わらないため，空間《くうかん》が膨張《ぼうちょう》すれば，その分《ぶん》，密度《みつど》が下《さ》がります。

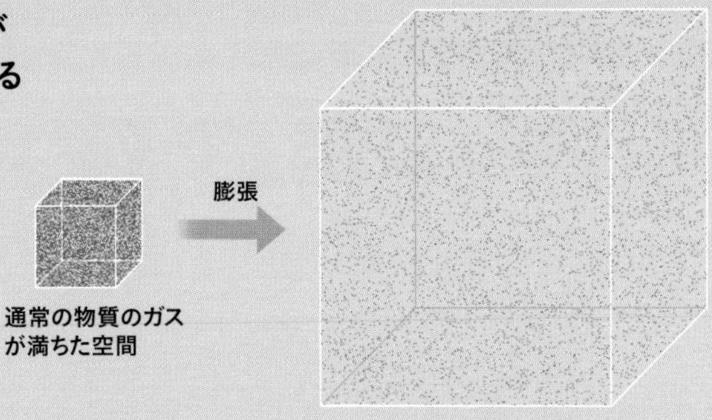

ガスの密度は下がる

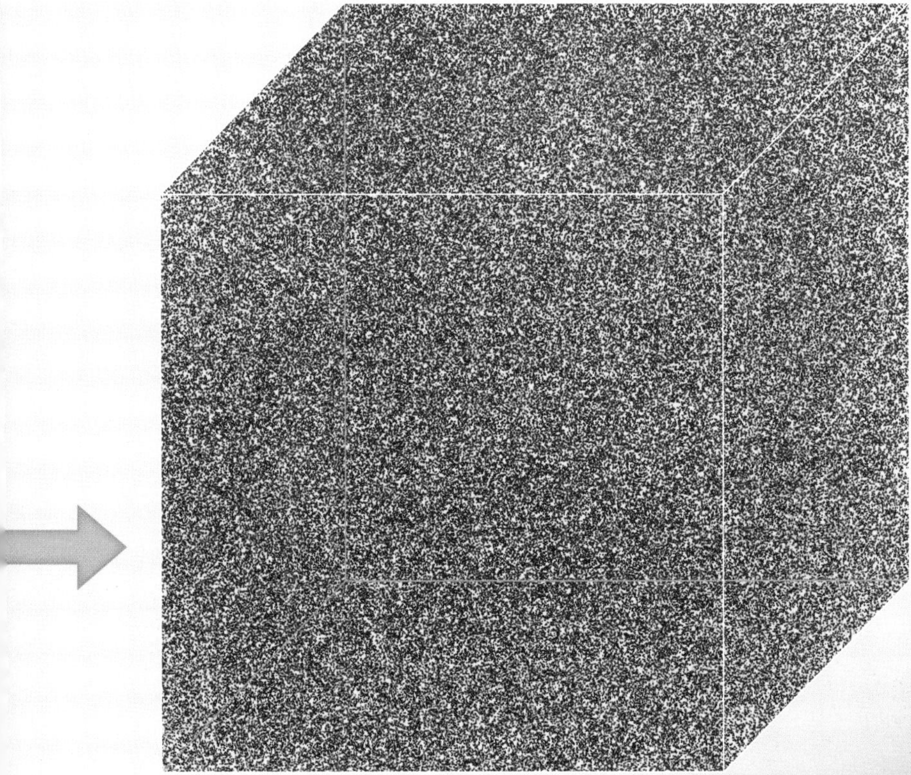

ダークエネルギーの密度はかわらない

宇宙《うちゅう》の未来《みらい》は『膨張《ぼうちょう》のしかた』で変《か》わる

**ダークエネルギーはずっと一定《いってい》か？
やがて変化《へんか》するのか？**

宇宙膨張《うちゅうぼうちょう》の三《みっ》つのパターン

宇宙《うちゅう》の未来《みらい》を，「膨張《ぼうちょう》のしかた」別《べつ》にえがきました。次《つぎ》のページからは，それぞれのパターンについてくわしくみていきます。

1. ダークエネルギーが一定《いってい》の場合《ばあい》

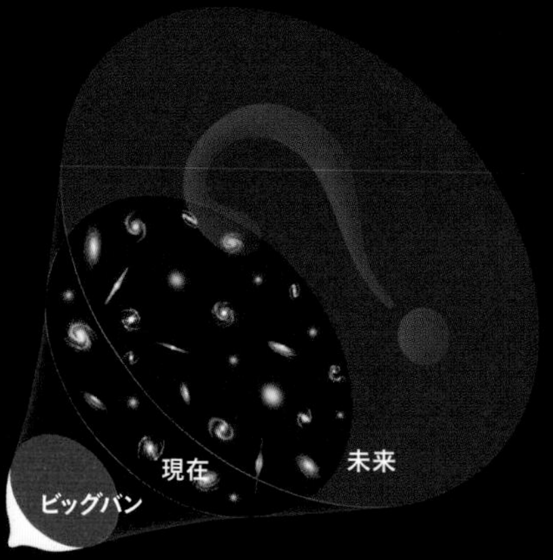

宇宙《うちゅう》は今後《こんご》もゆるやかな加速《かそく》膨張《ぼうちょう》をつづけます。宇宙《うちゅう》が膨《ぼう》張《ちょう》しても，重力《じゅうりょく》の作用《さよう》でまとまっている銀河《ぎんが》や太陽系《たいようけい》は膨張《ぼうちょう》しません。

2. ダークエネルギーが減少《げんしょう》する場合《ばあい》

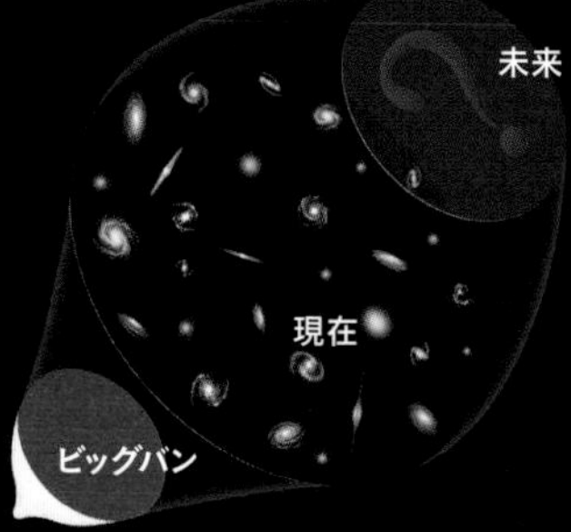

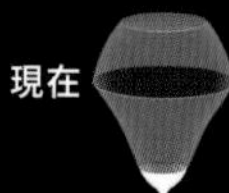

宇宙《うちゅう》が膨張《ぼうちょう》から収縮《しゅうしゅく》に転《てん》じ，最終的《さいしゅうてき》には1点《てん》につぶれます。

ダークエネルギーの密度《みつど》がずっと一定《いってい》なら，今後《こんご》もこれまでと同《おな》じだけのペースで，宇宙《うちゅう》の膨張《ぼうちょう》をゆるやかに加速《かそく》していくと考《かんが》えられます。

しかしダークエネルギーは正体不《しょうたいふ》明《めい》なため，時間《じかん》の経過《けいか》とともに密度《みつど》が変化《へんか》する可能性《かのうせい》も否定《ひてい》できません。ダークエネルギーの密度《みつど》が減少《げんしょう》していけば，宇宙《うちゅう》は膨張《ぼうちょう》から収縮《しゅうしゅく》に転《てん》じ，最終的《さいしゅうてき》には1点《てん》につぶれてしまうかもしれません。

逆《ぎゃく》にダークエネルギーの密度《みつど》が増加《ぞうか》していけば，これまでをはるかに上《うわ》まわるペースで宇宙《うちゅう》の加速膨張《かそくぼうちょう》がおこり，あらゆる物質《ぶっしつ》が膨張《ぼうちょう》して破壊《はかい》されるかもしれません。

宇宙《うちゅう》の未来《みらい》は，空間《くうかん》の膨張《ぼうちょう》のしかたしだいなのです。次《つぎ》のページからは，それぞれの場合《ばあい》に，宇宙《うちゅう》にどのような未来《みらい》と“終《お》わり”が待《ま》っているのかについて，みていきましょう。

3. ダークエネルギーが増加《ぞうか》する場合《ばあい》

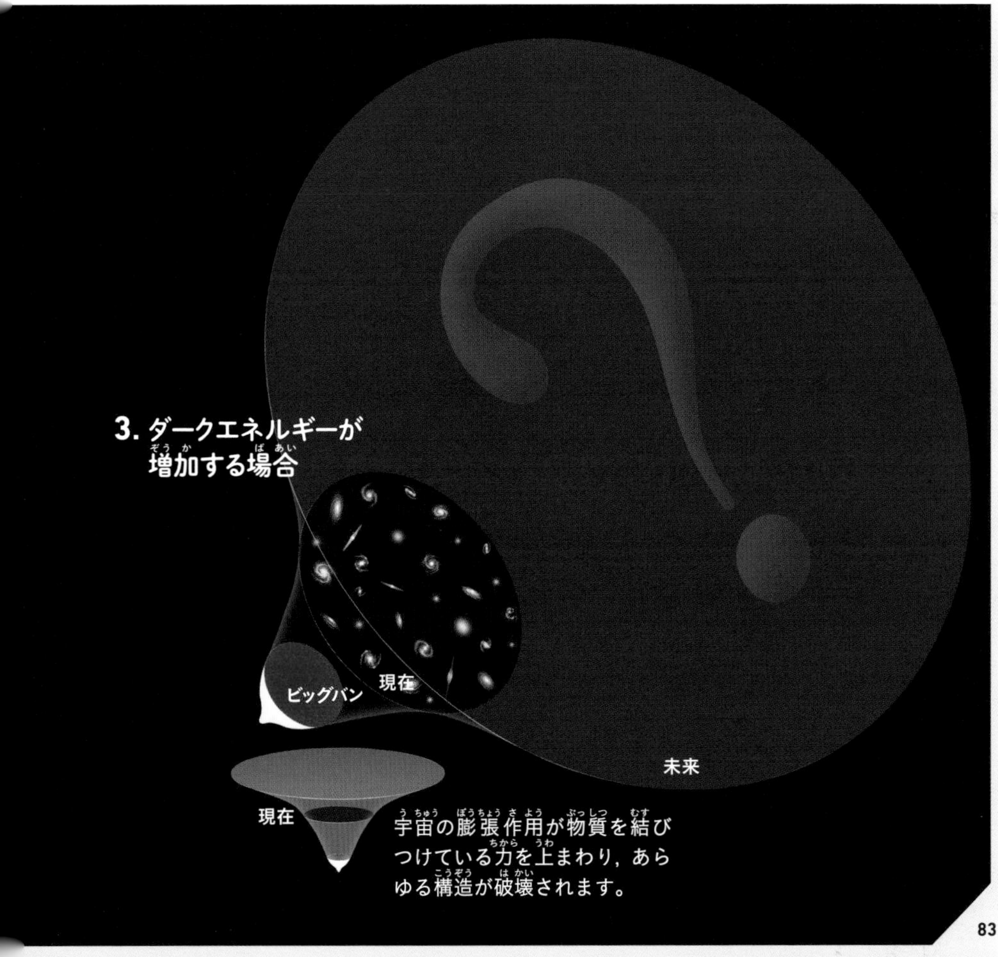

宇宙《うちゅう》の膨張《ぼうちょう》作用《さよう》が物質《ぶっしつ》を結《むす》びつけている力《ちから》を上《うわ》まわり，あらゆる構造《こうぞう》が破壊《はかい》されます。

•ビッグフリーズ

宇宙《うちゅう》は“空《から》っぽ”になって終《お》わる

いくつかの素粒子《そりゅうし》がだけ飛《と》びかう

まずは，ダークエネルギーの密《みつ》度《ど》が一定《いってい》で，宇宙《うちゅう》の膨張《ぼうちょう》がこれまでと同《おな》じペースでゆるやかに加《か》速《そく》する場合《ばあい》をみていきます。

実《じつ》は，2章《しょう》までに紹介《しょうかい》した宇宙《うちゅう》の未来《みらい》は，このシナリオにもとづくものです。10^{34}年後以降《ねんごいこう》，陽子《ようし》が崩壊《ほうかい》し，原子《げんし》は消滅《しょうめつ》してしまいます。また，10^{100}年後《ねんご》ごろになるとブラックホールも消滅《しょうめつ》してしまい，宇宙《うちゅう》から天体《てんたい》がなくなります。**すると宇宙《うちゅう》は，いくつかの素粒子《そりゅうし》が飛《と》びかうだけの世界《せかい》となってしまいます。**

この宇宙《うちゅう》では，何《なに》も変化《へんか》がおきないと考《かんが》えられています。時間《じかん》がたっても何《なに》も変《か》わらず，事実上《じじつじょう》の「時間《じかん》の終《お》わり」といえます。**このような宇宙《うちゅう》の終《お》わりは「ビッグフリーズ(Big Freeze)」や「ビッグウィンパー(Big Whimper)」とよばれます。**フリーズは「凍結《とうけつ》」，ウィンパーは「すすり泣《な》き」を意味《いみ》します。今《いま》のところ，これが最《もっと》も可能性《かのうせい》の高《たか》い，宇《う》宙《ちゅう》の終《お》わりだと考《かんが》えられています。

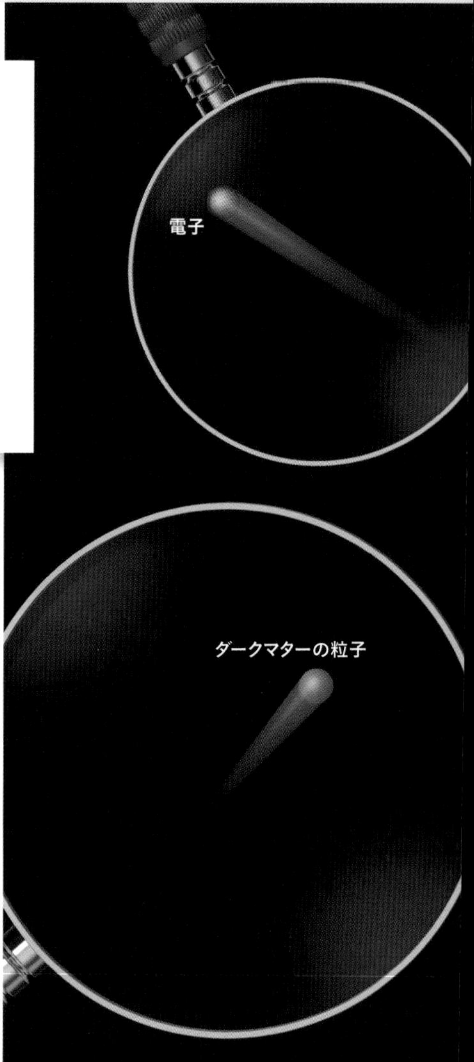

ほぼ空《から》っぽの宇宙《うちゅう》

このイラストでは，同《おな》じ領域《りょういき》に複数《ふくすう》の素粒子《そりゅうし》が存在《そんざい》するようにえがきましたが，最終的《さいしゅうてき》には，個々《ここ》の素粒子《そりゅうし》がほかの素粒子《そりゅうし》から遠《とお》くはなれて，完全《かんぜん》に孤立《こりつ》してしまうと考《かんが》えられています。

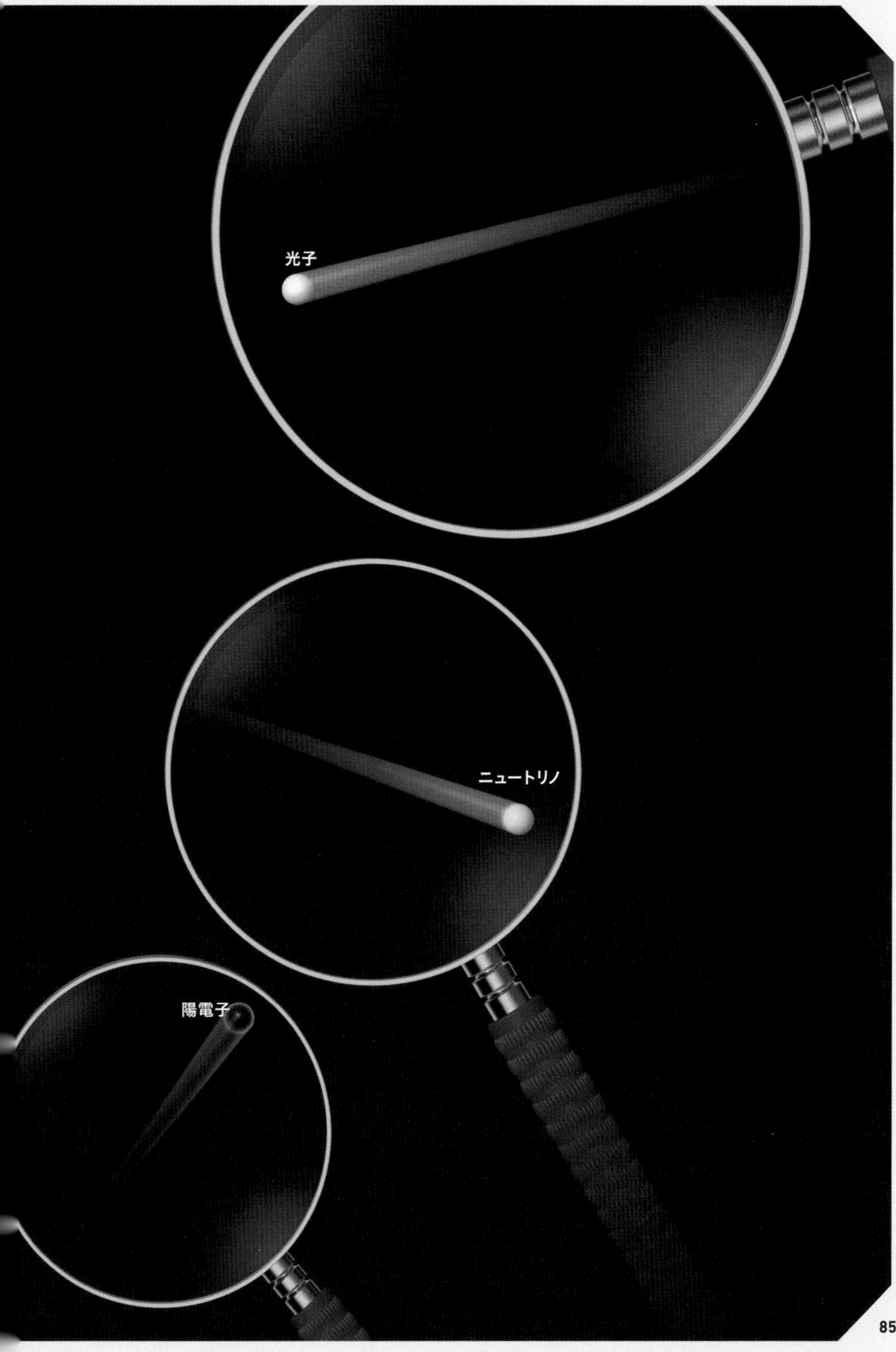
光子
ニュートリノ
陽電子

●ビッグフリーズ

広大《こうだい》な宇宙《うちゅう》がミクロサイズに転生《てんせい》!?

「トンネル効果《こうか》」によって生《う》まれ変《か》わる?

ビッグフリーズに達《たっ》した宇宙《うちゅう》はさらに遠《とお》い将来《しょうらい》，小《ち》さな宇宙《うちゅう》に生《う》まれ変《か》わるという研究者《けんきゅうしゃ》もいます。「宇宙《うちゅう》は空間《くうかん》も時間《じかん》も存在《そんざい》しない“無《む》”から生《う》まれた」とする「無《む》からの宇宙創生論《うちゅうそうせいろん》」を1982年《ねん》に提唱《ていしょう》した，アレキサンダー・ビレンキン博士《はくし》(1949〜)らです。

ビッグフリーズに達《たっ》した宇宙《うちゅう》は，空間《くうかん》があまりにも大《おお》きく膨張《ぼうちょう》しているため，素粒子《そりゅうし》の密度《みつど》がゼロの状態《じょうたい》と，区別《くべつ》がつかない状態《じょうたい》になると考《かんが》えられています。**そして，このような宇宙《うちゅう》はトンネル効果(72ページ)によって，ミクロサイズの宇宙《うちゅう》に“生《う》まれ変《か》わる”可能性《かのうせい》があることを，ビレンキン博士《はくし》らは理論的《りろんてき》な計算《けいさん》でみちびいたのです。**

確率《かくりつ》はきわめて低《ひく》いですが，宇宙《うちゅう》が限《かぎ》りなく加速膨張《かそくぼうちょう》をつづけていれば，遠《とお》い将来《しょうらい》にはいずれおきることになると考《かんが》えられています。

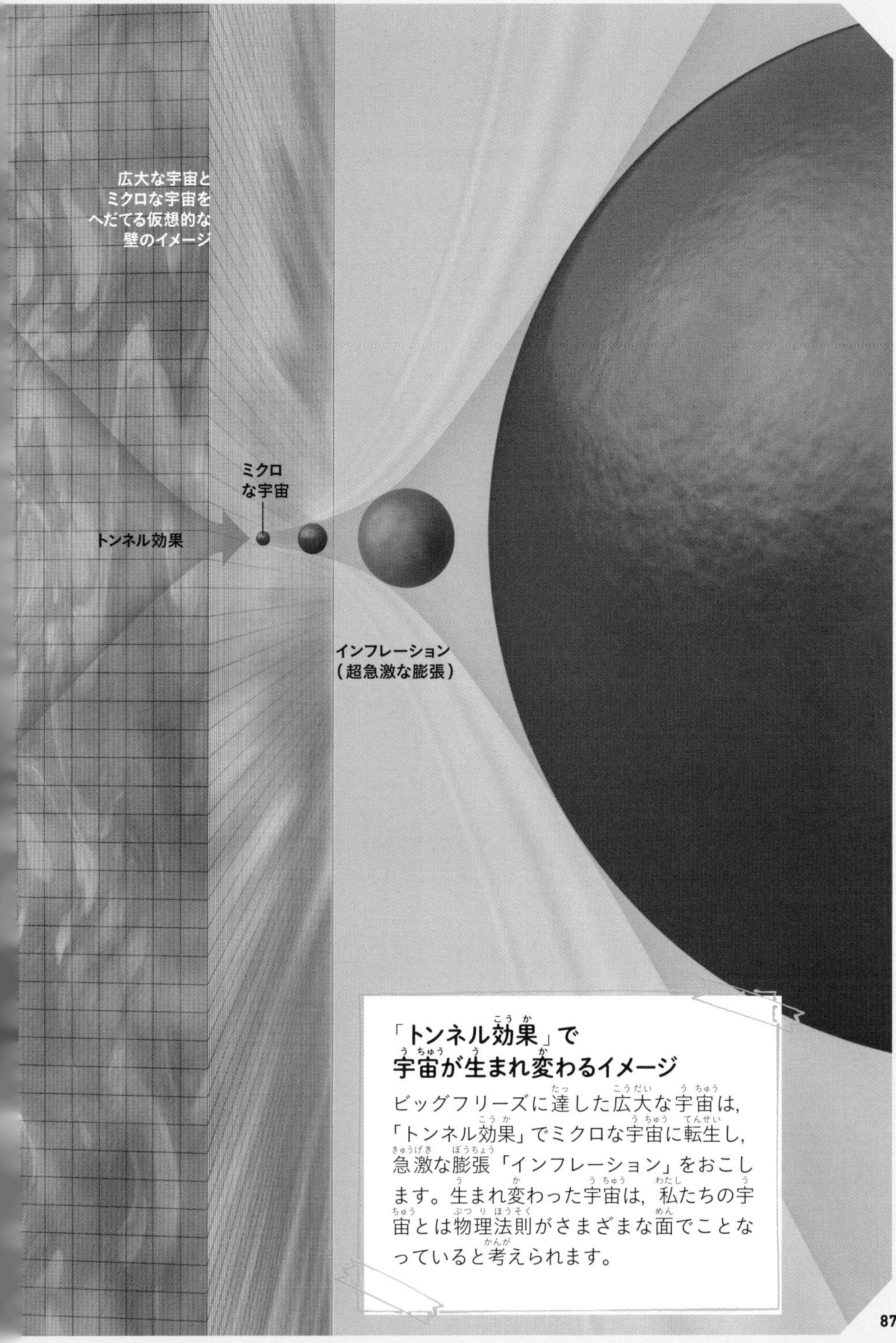

「トンネル効果《こうか》」で宇宙《うちゅう》が生《う》まれ変《か》わるイメージ

ビッグフリーズに達《たっ》した広大《こうだい》な宇宙《うちゅう》は，「トンネル効果《こうか》」でミクロな宇宙《うちゅう》に転生《てんせい》し，急激《きゅうげき》な膨張《ぼうちょう》「インフレーション」をおこします。生《う》まれ変《か》わった宇宙《うちゅう》は，私《わたし》たちの宇《う》宙《ちゅう》とは物理法則《ぶつりほうそく》がさまざまな面《めん》でことなっていると考《かんが》えられます。

宇宙の死と再生

この宇宙《うちゅう》も生《う》まれ変《か》わった？

宇宙《うちゅう》は終《お》わりと再生《さいせい》をくりかえしているかもしれない

トンネル効果《こうか》によって生《う》まれ変《か》わったミクロな宇宙《うちゅう》（前《ぜん》ページ）は，ダークエネルギーと似《に》た，空間《くうかん》を加速膨張《かそくぼうちょう》させるエネルギーに満《み》ちたものになるといいます。しかもダークエネルギーよりも圧倒的《あっとうてき》に大《おお》きなエネルギーをもち，猛烈《もうれつ》ないきおいで空間《くうかん》が膨張《ぼうちょう》していきます。これは，宇宙誕生時《うちゅうたんじょうじ》におきたとされる「インフレーション（8ページ）」と同様《どうよう》のものです。

インフレーションはいずれ終《お》わりをむかえ，新《あら》たな宇宙《うちゅう》の歴史《れきし》がスタートします。ただし，生《う》まれ変《か》わった宇宙《うちゅう》は，私《わたし》たちの宇宙《うちゅう》とは，素粒《そりゅう》子《し》の種類《しゅるい》や質量《しつりょう》，素粒子《そりゅうし》の間《あいだ》にはたらく力《ちから》など，さまざまな面《めん》でことなっていると考《かんが》えられます。そのような宇宙《うちゅう》で恒星《こうせい》や銀河《ぎんが》，生命《せいめい》が誕生《たんじょう》するのかはわかりません。

もしこの仮説《かせつ》が正《ただ》しいのなら，私《わたし》たちが今《いま》いるこの宇宙《うちゅう》も，生《う》まれ変《か》わりを経《へ》たあとかもしれません。

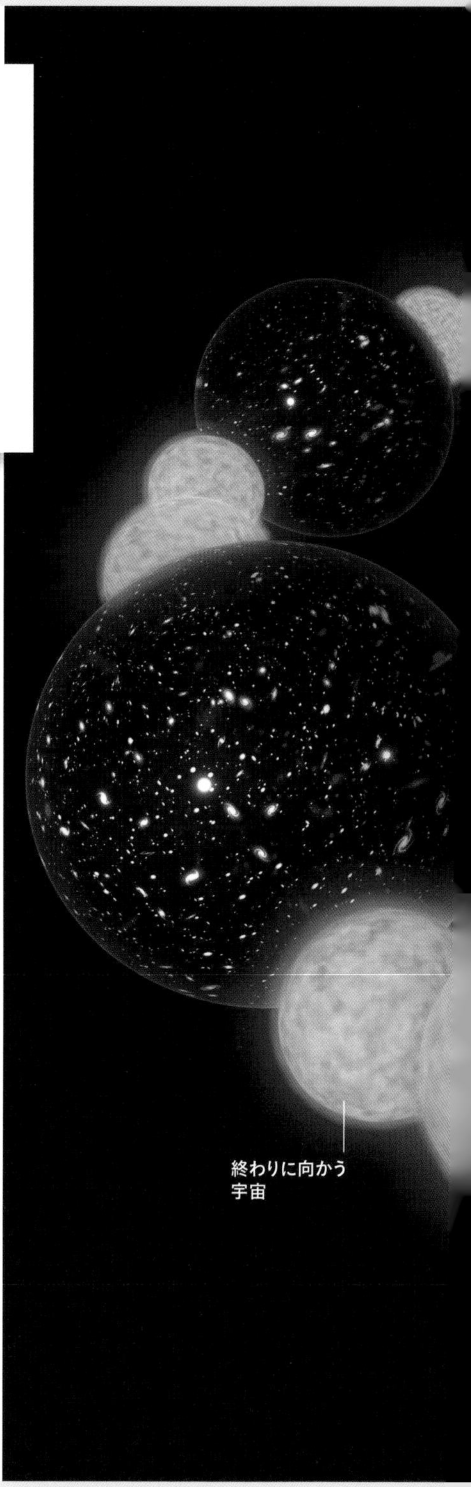

輪廻転生《りんねてんしょう》する宇宙《うちゅう》

宇宙《うちゅう》が終《お》わりと再生《さいせい》をくりかえし，輪廻転生《りんねてんしょう》するようすをえがきました。

Column

コーヒーブレーク

ダークマターの正体《しょうたい》にせまる

1. 見《み》えない（電磁波《でんじは》を出《だ》さない）

ダークマターは，現在《げんざい》の人類《じんるい》の技《ぎ》術《じゅつ》で観測《かんそく》できる強《つよ》さの電磁波《でんじは》は出《だ》していません。

ダークマターの主《おも》な特徴《とくちょう》

これまでの観測結果《かんそくけっか》などから，ダークマターが満《み》たすべき主《おも》な特徴《とくちょう》をまとめました。

2. 普通《ふつう》の物質《ぶっしつ》をすり抜《ぬ》ける

ダークマターは電気《でんき》をおびていないため，普通《ふつう》の物質《ぶっしつ》（原子《げんし》で構成《こうせい》された物質《ぶっしつ》）とはぶつからずに，すり抜《ぬ》けていきます。

すべてのブラックホールが消《き》えたあとの世界《せかい》に残《のこ》る，いくつかの素粒子《そりゅうし》の一《ひと》つが「ダークマター（暗黒物質《あんこくぶっしつ》）」です。未発見《みはっけん》の素粒子《そりゅうし》だという説《せつ》が有力《ゆうりょく》ですが，ダークエネルギーと同様《どうよう》，その正体《しょうたい》は不明《ふめい》です。

宇宙背景放射《うちゅうはいけいほうしゃ》（68ページ）を分析《ぶんせき》した結果《けっか》によると，全宇宙《ぜんうちゅう》の成分《せいぶん》の5％ほどが通常《つうじょう》の物質《ぶっしつ》（原子《げんし》など）で，あとはダークマターとダークエネルギーだといわれています。ダークマターは，ダークエネルギーの量《りょう》の計算《けいさん》を見積《みつ》もるのにもかかわっている重要《じゅうよう》な存在《そんざい》です。

ダークマターの正体《しょうたい》は不明《ふめい》ですが，いくつかの候補《こうほ》は理論的《りろんてき》に考《かんが》えられています。それらに共通《きょうつう》するのは，以下《いか》の3点《てん》です。

①可視光《かしこう》だけでなく，どんな波長《はちょう》の電磁波《でんじは》※でも観測《かんそく》できない。

②普通《ふつう》の物質《ぶっしつ》とほとんど相互作用《そうごさよう》しない。

③ただし，周囲《しゅうい》に重力《じゅうりょく》をおよぼす。

①は，ダークマターがあらゆる電磁波《でんじは》を出《だ》さず，反射《はんしゃ》も吸収《きゅうしゅう》もしないことを意味《いみ》します。②は，「普通《ふつう》の物質《ぶっしつ》を貫通《かんつう》してしまう性質《せいしつ》」ともいえます。③は，ダークマターが「質量《しつりょう》をもつ」ことを意味《いみ》します。

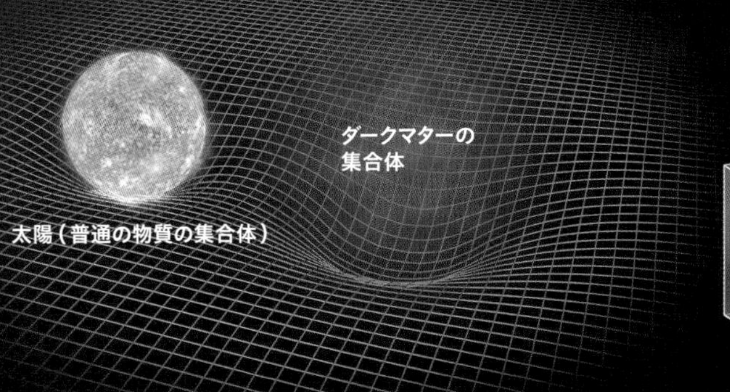

3. 質量《しつりょう》をもつ（合計質量《ごうけいしつりょう》は普通《ふつう》の物質《ぶっしつ》の5倍《ばい》）

ダークマターは質量《しつりょう》をもつため，質量《しつりょう》の大《おお》きさに応《おう》じて周囲《しゅうい》に重力《じゅうりょく》をおよぼします。重力《じゅうりょく》の正体《しょうたい》は，空間《くうかん》のゆがみであると考《かんが》えられています。ダークマターは宇宙《うちゅう》に広《ひろ》く分布《ぶんぷ》しているため，その合計質量《ごうけいしつりょう》は，宇宙全体《うちゅうぜんたい》では普通《ふつう》の物質《ぶっしつ》の5〜6倍《ばい》にもなると考《かんが》えられています。

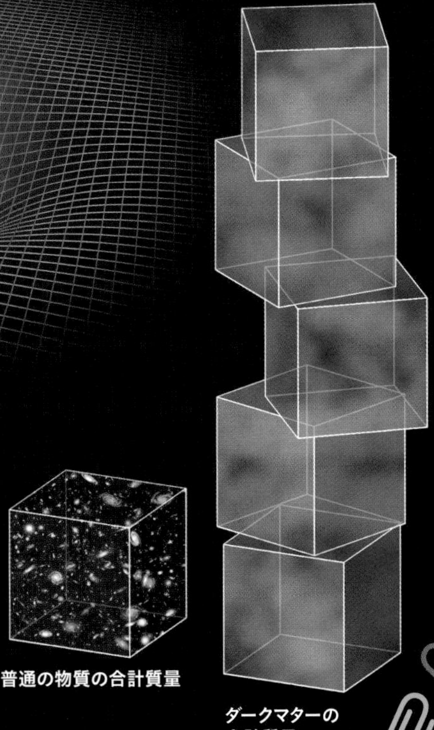

※：電波・赤外線・紫外線・X線・ガンマ線

•ビッグクランチ

宇宙《うちゅう》は収縮《しゅうしゅく》して, つぶれて終《お》わる

ダークエネルギーの密度《みつど》が減少《げんしょう》すると?

次《つぎ》に, ダークエネルギーの密度《みつど》が減少《げんしょう》した場合《ばあい》を考《かんが》えてみます。

減少《げんしょう》の割合《わりあい》が小《ち》さければ宇宙《うちゅう》の膨《ぼう》張《ちょう》はつづき, これまでに紹介《しょうかい》した未《み》来《らい》とあまり変《か》わりません。**しかし減《げん》少《しょう》の割合《わりあい》が極端《きょくたん》に大《おお》きいとダークエネルギーが引力《いんりょく》の作用《さよう》をもつようになり, 宇宙《うちゅう》の膨張《ぼうちょう》は止《と》まり, 収縮《しゅうしゅく》に転《てん》じます。**

すると, 銀河《ぎんが》はどんどん合体《がったい》し, 銀《ぎん》河《が》の中心《ちゅうしん》にあるブラックホールは, 星々《ほしぼし》などを飲《の》みこんで巨大化《きょだいか》していきます。**そして宇宙《うちゅう》は, 巨大《きょだい》なブラックホールだらけになるのです。**

また, 空間《くうかん》の収縮《しゅうしゅく》にともなって宇《う》宙背景放射《ちゅうはいけいほうしゃ》(68ページ)の波長《はちょう》が短《みじか》くなる, つまり宇宙《うちゅう》の温度《おんど》が上《あ》がります。超高温《ちょうこうおん》の宇宙《うちゅう》の中《なか》で巨大《きょだい》ブラックホールは合体《がったい》をつづけ, 最終的《さいしゅうてき》には宇宙空間《うちゅうくうかん》が1点《てん》につぶれます。

このような宇宙《うちゅう》の終《お》わりを「ビッグクランチ(Big Crunch)」といいます。クランチは「押《お》しつぶすこと」という意味《いみ》です。

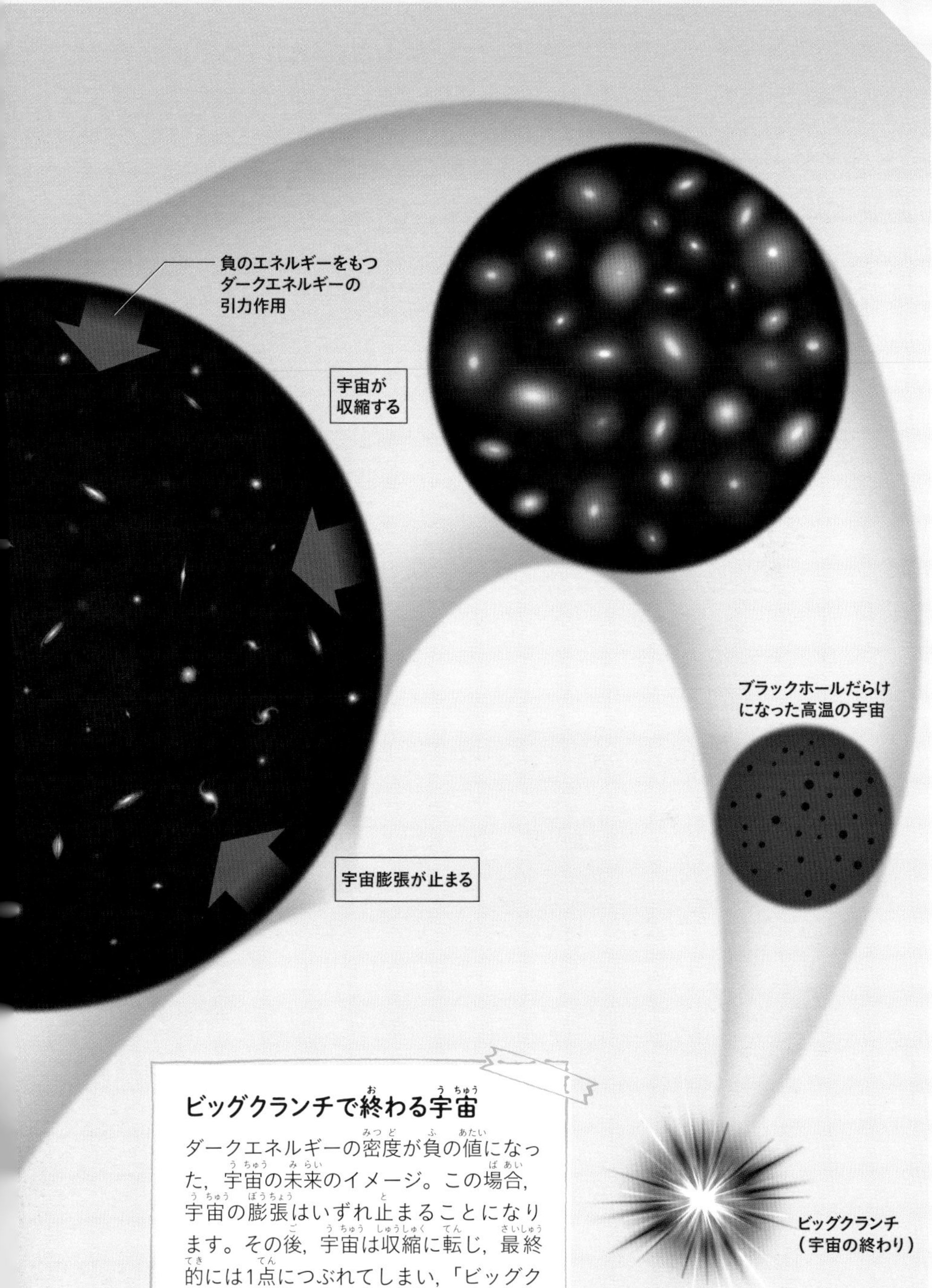

ビッグクランチで終《お》わる宇宙《うちゅう》

ダークエネルギーの密度《みつど》が負《ふ》の値《あたい》になった，宇宙《うちゅう》の未来《みらい》のイメージ。この場合《ばあい》，宇宙《うちゅう》の膨張《ぼうちょう》はいずれ止《と》まることになります。その後《ご》，宇宙《うちゅう》は収縮《しゅうしゅく》に転《てん》じ，最終《さいしゅう》的《てき》には1点《てん》につぶれてしまい，「ビッグクランチ」とよばれる終《お》わりをむかえます。

●ビッグクランチ

つぶれた宇宙《うちゅう》が，はねかえって生《う》まれ変《か》わる？

宇宙《うちゅう》は収縮《しゅうしゅく》から膨張《ぼうちょう》に転《てん》じる，という考《かんが》え方《かた》

「サイクリック宇宙論《うちゅうろん》」のイメージ

宇宙《うちゅう》の加速膨張《かそくぼうちょう》が発見《はっけん》された現在《げんざい》では，このような宇宙像《うちゅうぞう》は標準的《ひょうじゅんてき》な考《かんが》え方《かた》ではありません。しかし，サイクリック宇宙論《うちゅうろん》は，「超《ちょう》ひも理論《りろん》（超弦理論《ちょうげんりろん》）」から派生《はせい》したさまざまなモデルが提案《ていあん》されています。

ビッグクランチのあと，宇宙《うちゅう》は“はねかえり”(ビッグバウンス：Big Bounce）をおこし，収縮《しゅうしゅく》から膨張《ぼうちょう》に転《てん》じるという考《かんが》え方《かた》があります。宇宙《うちゅう》は，「ビッグバン→膨張《ぼうちょう》→収縮《しゅうしゅく》→ビッグクランチ→ビッグバン……」というサイクルをくりかえすという，「サイクリック宇宙論《うちゅうろん》」です。

ビッグクランチは全宇宙《ぜんうちゅう》がゼロの点《てん》につぶれる現象《げんしょう》で，その点《てん》の密度《みつど》は無限大《むげんだい》になります。このような点《てん》は「特異点《とくいてん》」とよびます。しかし，そもそも無限大《むげんだい》の密度《みつど》などありうるのでしょうか？

この答《こた》えは，一般相対性理論《いっぱんそうたいせいりろん》と量《りょう》子論《しろん》を融合《ゆうごう》させた「量子重力理論《りょうしじゅうりょくりろん》」を使《つか》わないと解明《かいめい》できないと考《かんが》えられます。しかし，量子重力理論《りょうしじゅうりょくりろん》は未《み》完成《かんせい》です。素粒子《そりゅうし》をミクロな“ひも”として考《かんが》える「超《ちょう》ひも理論《りろん》(超弦理《ちょうげんり》論《ろん》)※」は，量子重力理論《りょうしじゅうりょくりろん》の有力候《ゆうりょくこう》補《ほ》です。

量子重力理論《りょうしじゅうりょくりろん》は，宇宙《うちゅう》の誕生《たんじょう》を解《かい》明《めい》するためにも必要《ひつよう》だと考《かんが》えられています。「宇宙《うちゅう》は“無《む》”から生《う》まれた」は，あくまで仮説《かせつ》でしかないのです。

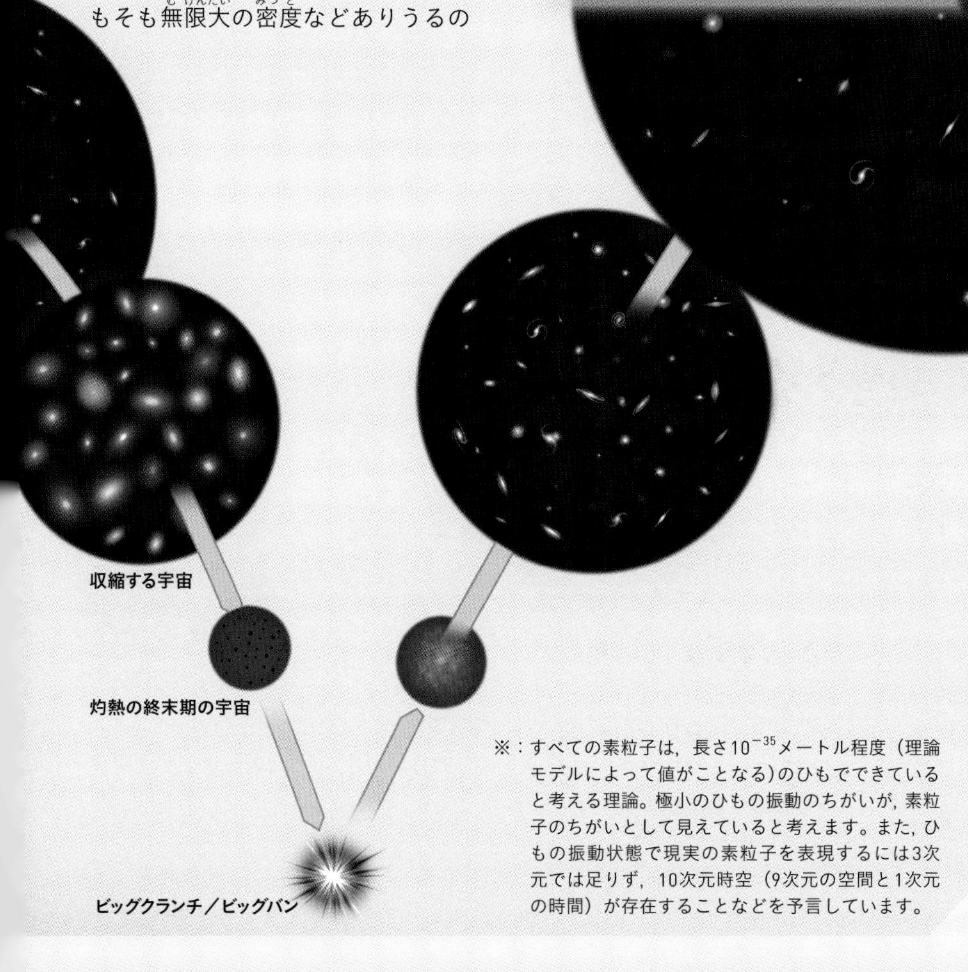

※：すべての素粒子は，長さ10^{-35}メートル程度（理論モデルによって値がことなる)のひもでできていると考える理論。極小のひもの振動のちがいが，素粒子のちがいとして見えていると考えます。また，ひもの振動状態で現実の素粒子を表現するには3次元では足りず，10次元時空（9次元の空間と1次元の時間）が存在することなどを予言しています。

Column

コーヒーブレーク

膜《まく》でできた宇宙《うちゅう》が衝突《しょうとつ》して生《う》まれ変《か》わる？

自《し》然界《ぜんかい》のあらゆる現象《げんしょう》の根源《こんげん》をさぐる理論《りろん》として，「超《ちょう》ひも理論《りろん》」の研究《けんきゅう》が進《すす》められています。この理論《りろん》をもとに発展《はってん》した宇《う》宙論《ちゅうろん》に，「ブレーンワールド」という仮説《かせつ》があります。

ブレーンワールドでは，私《わたし》たちの宇宙《うちゅう》は4次元《じげん》以上《いじょう》の高次元空間《こうじげんくうかん》に浮《う》かぶ“膜《まく》”（ブレーン）※のようなものだとされます。物理学《ぶつりがく》には，「私《わたし》たちが知《し》る3次元空間《じげんくうかん》には，非《ひ》常《じょう》に小《ちい》さい別《べつ》の次元《じげん》がかくれている」とする考《かんが》え方《かた》があり，3次元《じげん》をこえる空間《くうかん》の次元《じげん》を「余剰次元《よじょうじげん》」とよんでいます。通常《つうじょう》，超《ちょう》ひも理《り》論《ろん》では，「余剰次元《よじょうじげん》は小《ちい》さく“丸《まる》まって”いるために見《み》えないのだ」と考《かんが》えます。それに対《たい》してブレーンワールドでは，「あらゆる物質《ぶっしつ》や光《ひかり》がブレーンからはなれられないため，『余剰次元《よじょうじげん》』に気《き》づけないのだ」と考《かんが》えます。

高次元空間《こうじげんくうかん》には，いくつもの膜《まく》宇宙《うちゅう》がただよっているかもしれません。実際《じっさい》，私《わたし》たちの宇宙《うちゅう》が現在《げんざい》の姿《すがた》になるためには，ほかの膜宇《まくう》宙《ちゅう》が必要《ひつよう》だったとするモデルもあります。

たとえば，「エキピロティック（ギリシャ語《ご》の大火《たいか》に由来《ゆらい》）宇宙《うちゅう》モデル」という仮説《かせつ》があります。このモデルでは，膜宇宙《まくうちゅう》どうしの衝突《しょうとつ》のエネルギーが物質《ぶっしつ》や光《ひかり》に転換《てんかん》され，宇宙《うちゅう》は高温《こうおん》・高密度《こうみつど》の状態《じょうたい》（ビッグバン）になったと考《かんが》えます。このあと，膜宇宙《まくうちゅう》どうしははなれ，遠《とお》い将来《しょうらい》ふたたび衝突《しょうとつ》をおこすようです。つまり，**エキピロティック宇《う》宙《ちゅう》モデルでは，宇宙の生涯《しょうがい》は無限《むげん》の過去《かこ》と無限《むげん》の未《み》来《らい》の中《なか》で永遠《えいえん》にくりかえされることになるため，終《お》わりもないと同《どう》時《じ》にはじまりもないと考《かんが》えられるのです。**

※：ブレーン（brane）は膜を意味する英語「membrane」に由来します。0次元から高次元までさまざまなブレーンが存在し，ひもは1次元のブレーンとみなされます。イラストでは私たちの膜宇宙を2次元の面で，“端”があるようにえがいていますが，実際は4次元時空で，端はないと考えられています。

ブレーンワールド

私《わたし》たちの宇宙《うちゅう》が，高次元空間《こうじげんくうかん》に浮《う》かぶ膜《まく》のようなものだと考《かんが》える仮説《かせつ》を「ブレーンワールド」とよびます。高次元空間《こうじげんくうかん》には，ほかにも膜宇宙《まくうちゅう》がただよっているかもしれません。それぞれの膜宇宙《まくうちゅう》では，物理法則《ぶつりほうそく》のことなる世界《せかい》が広《ひろ》がっている可能性《かのうせい》があります。

電子《でんし》やクォーク，光子《こうし》などは，開《ひら》いたひもの端《はし》で膜宇宙《まくうちゅう》にくっつきます。一方《いっぽう》，重力《じゅうりょく》を伝《つた》えるひもは，端《はし》がないので膜宇宙《まくうちゅう》にくっつかず，高《こう》次元空間《じげんくうかん》を動《うご》くことができます。

・ビッグリップ

宇宙《うちゅう》の膨張速度《ぼうちょうそくど》が重力《じゅうりょく》の効果《こうか》を上《うわ》まわる

ダークエネルギーの密度《みつど》がふえる場合《ばあい》の未来《みらい》とは？

つづいて，ダークエネルギーの密度《みつど》がふえていく場合《ばあい》をみてみましょう。

ダークエネルギーの密度《みつど》が増加《ぞうか》していくと，宇宙《うちゅう》の膨張《ぼうちょう》は急激《きゅうげき》に加速《かそく》していきます。密度《みつど》が増加《ぞうか》していくダークエネルギーは，非常《ひじょう》に奇妙《きみょう》なため，「ファントムエネルギー」ともよばれています。ファントムは「幽霊《ゆうれい》」を意味《いみ》します。

宇宙《うちゅう》の膨張《ぼうちょう》が急激《きゅうげき》に加速《かそく》すると，膨張《ぼうちょう》の効果《こうか》は，いずれ銀河団《ぎんがだん》を構《こう》成《せい》している銀河《ぎんが》どうしの重力《じゅうりょく》の効《こう》果《か》を上《うわ》まわり，銀河団《ぎんがだん》をちりぢりにしてしまいます。その後《ご》，銀河《ぎんが》を構成《こうせい》している恒星《こうせい》の集《あつ》まりもちりぢりになっていき，さらに時間《じかん》が進《すす》むと，太陽系《たいようけい》のような惑星系《わくせいけい》もちりぢりになってしまいます。

宇宙《うちゅう》の膨張《ぼうちょう》についてよくある誤《ご》解《かい》として，「空間《くうかん》が膨張《ぼうちょう》するなら，銀河団《ぎんがだん》も銀河《ぎんが》も，太陽系《たいようけい》も地球《ちきゅう》も，そして原子《げんし》すらも，すべてが膨張《ぼうちょう》するはずだ」というものがあります。実際《じっさい》は，これらは膨張《ぼうちょう》しません。**空間《くうかん》の膨張《ぼうちょう》の効果《こうか》よりも，重《じゅう》力《りょく》や電気的《でんきてき》な引力《いんりょく》によって大《おお》きさを保《たも》とうとする効果《こうか》のほうが勝《まさ》るため，膨張《ぼうちょう》しないのです。**しかし，以上《いじょう》の話《はなし》は，ダークエネルギーの密度《みつど》が増加《ぞうか》していく場合《ばあい》には，なりたたなくなります。

銀河《ぎんが》が引《ひ》きちぎられるほどの膨張《ぼうちょう》

宇宙《うちゅう》の膨張《ぼうちょう》が，これまでをはるかに上《うわ》まわるペースで急激《きゅうげき》に加速《かそく》する場合《ばあい》をえがきました。銀河《ぎんが》を構成《こうせい》している恒星《こうせい》たちも，ちりぢりになってしまいます。

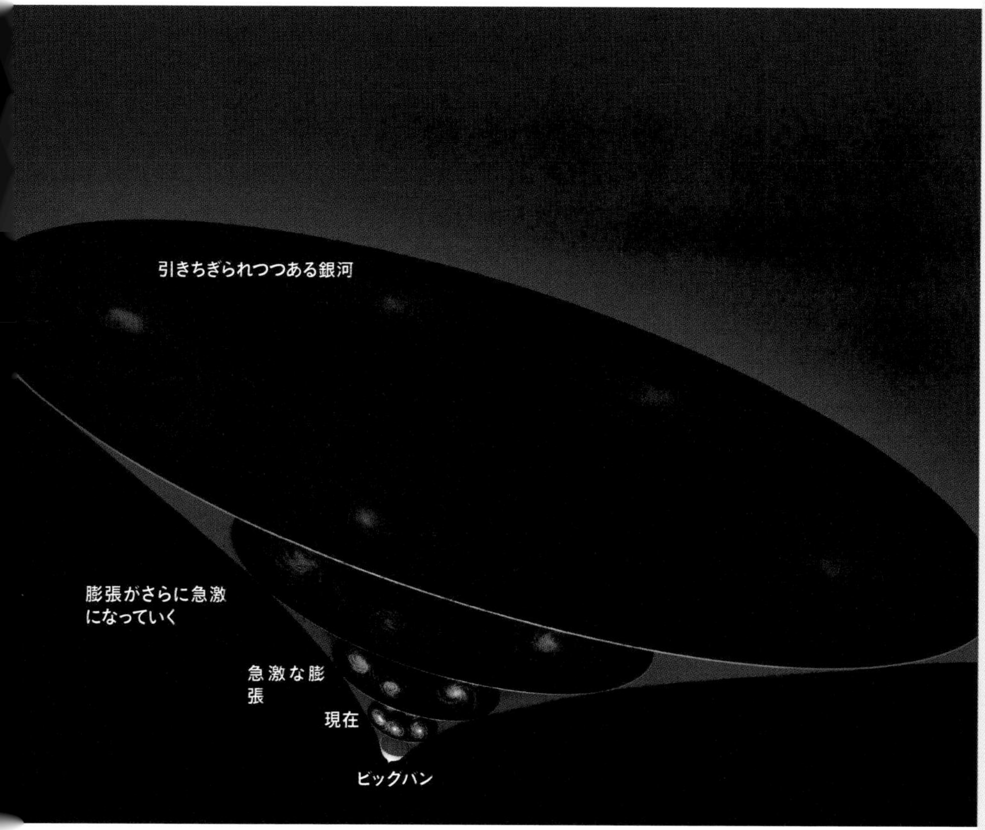

●ビッグリップ

原子《げんし》すら膨張《ぼうちょう》して，あらゆる構造《こうぞう》が引《ひ》きさかれる

すべての物質《ぶっしつ》がふくれあがってこわされる

前《ぜん》ページでみたように，ダークエネルギーの密度《みつど》がふえていくと，宇宙膨張《うちゅうぼうちょう》の効果《こうか》は，銀河団《ぎんがだん》を構成《こうせい》している銀河《ぎんが》どうしの重力《じゅうりょく》の効果《こうか》を上《うわ》まわり，重力《じゅうりょく》で結《むす》びついている，あらゆる天体《てんたい》がちりぢりになってしまいます。

さらには地球《ちきゅう》などの固体《こたい》の物体《ぶったい》もふくらんで破壊《はかい》され，最終的《さいしゅうてき》には原子《げんし》や原子核《げんしかく》すらもふくらんで破壊《はかい》されます。**あらゆる構造《こうぞう》が空間《くうかん》の膨張《ぼうちょう》によって引《ひ》きさかれ，空間《くうかん》の膨張速度《ぼうちょうそくど》は無限大《むげんだい》に達《たっ》し，宇宙《うちゅう》は終焉《しゅうえん》をむかえるのです。このような宇宙《うちゅう》の終《お》わりは「ビッグリップ（Big Rip）」とよばれます。**リップは「引《ひ》きさく」という意味《いみ》です。

何年後《なんねんご》にビッグリップがおきうるのかは，ダークエネルギーの密度《みつど》のふえ方《かた》しだいなので一概《いちがい》にはいえません。ただしどんなに早《はや》くても，1000億年以上《おくねんいじょう》は先《さき》になると考《かんが》えられています。

ふくれあがって破壊《はかい》される惑星《わくせい》

物質《ぶっしつ》どうしを結《むす》びつけている力《ちから》を，空間《くうかん》の膨張《ぼうちょう》の作用《さよう》が上《うわ》まわり，あらゆる物体《ぶったい》がふくれあがってこわされます。

4

可能性《かのうせい》ゼロではない 宇宙《うちゅう》の突然死《とつぜんし》

宇宙《うちゅう》の終《お》わりは，長《なが》い年月《ねんげつ》の果《は》てに訪《おとず》れるのではなく，突然《とつぜん》やってくる可能性《かのうせい》も否定《ひてい》できません。その原因《げんいん》とされるのが，「真空《しんくう》崩壊《ほうかい》」とよばれる現象《げんしょう》です。4章《しょう》では，宇《う》宙《ちゅう》の「突然死《とつぜんし》」をまねくとされる，真空崩《しんくうほう》壊《かい》の謎《なぞ》にせまります。

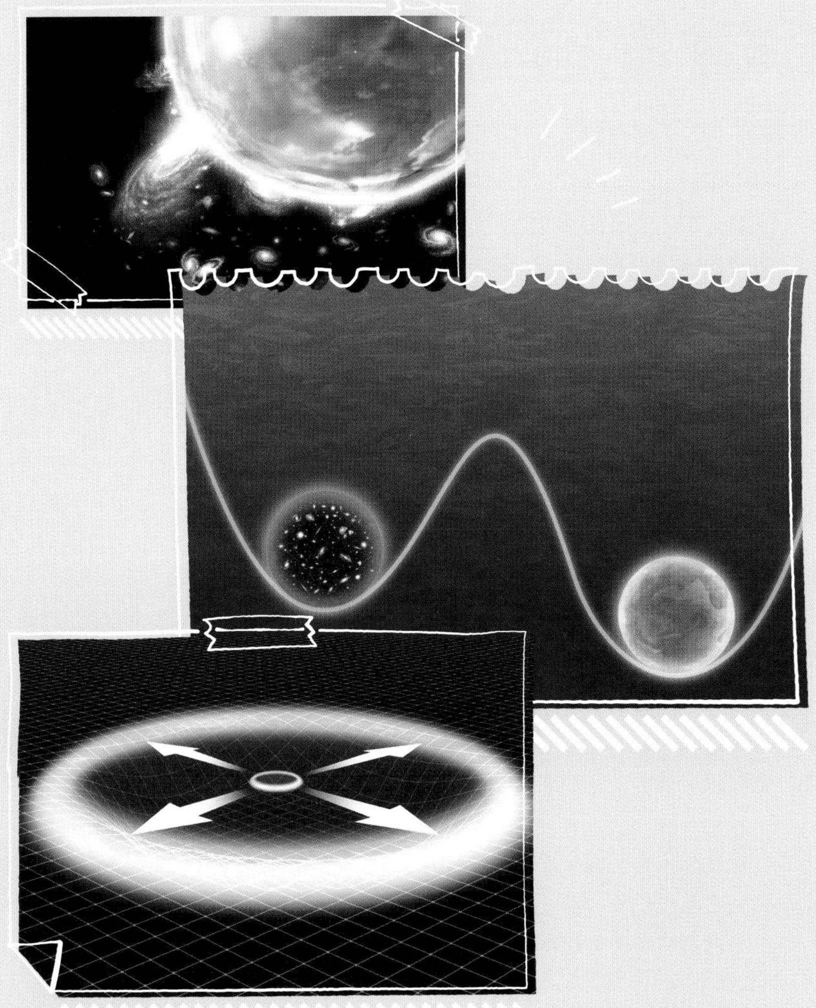

可能性ゼロではない宇宙の突然死

あらゆる物体《ぶったい》が消滅《しょうめつ》する真空崩壊《しんくうほうかい》

“偽《ぎ》の真空《しんくう》”が“真《しん》の真空《しんくう》”へと変化《へんか》する?

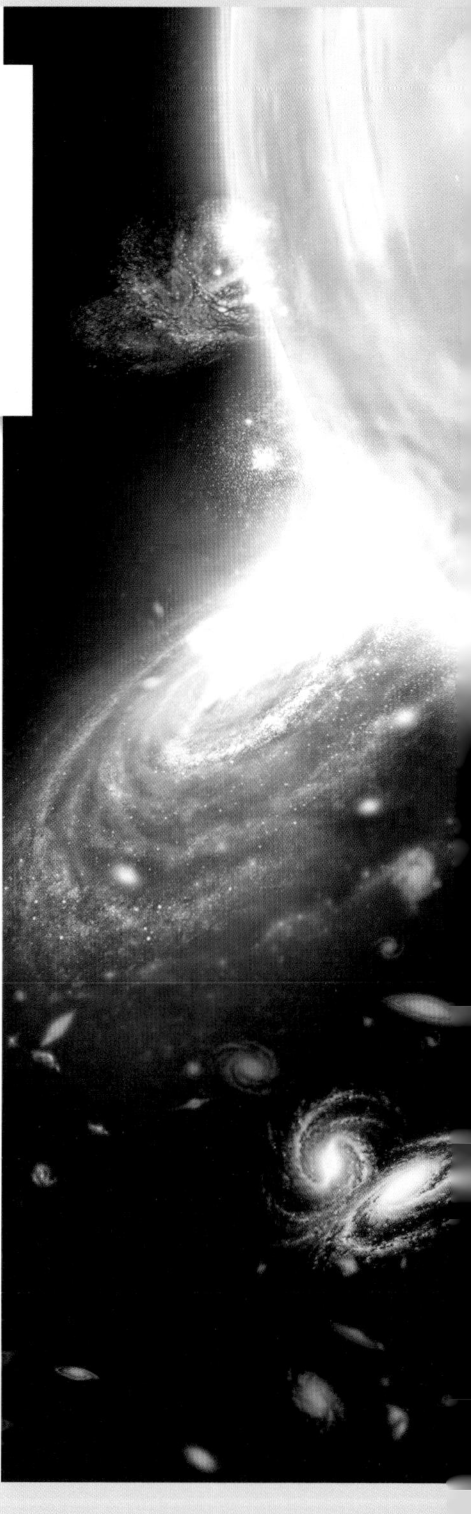

真《しん》空《くう》とは，空間《くうかん》から原子《げんし》や光《ひかり》などを取《と》りのぞいた“空《から》っぽの空間《くうかん》”をさします。素粒子物理学《そりゅうしぶつりがく》によると，不思議《ふしぎ》なことに真空《しんくう》もエネルギーをもつといいます。

宇宙《うちゅう》の突然死《とつぜんし》をまねくとされる「真空崩壊《しんくうほうかい》」とは，現在《げんざい》の宇宙《うちゅう》が“偽《ぎ》の真空《しんくう》”であると考《かんが》え，それがよりエネルギーの低《ひく》い“真《しん》の真空《しんくう》”へと変《へん》化《か》する現象《げんしょう》です。**真空《しんくう》の状態《じょうたい》が変《か》わると，その中《なか》での素粒子《そりゅうし》の質量《しつりょう》や，素粒子《そりゅうし》の間《あいだ》にはたらく力《ちから》の強《つよ》さなどが変《か》わってしまいます。つまり，物《ぶつ》理法則《りほうそく》が変《か》わってしまうのです。**そのため，原子《げんし》は形《かたち》を保《たも》てず，既存《きぞん》の物体《ぶったい》はすべてくずれさってしまうと考《かんが》えられています。

真空崩壊《しんくうほうかい》がおきる確率《かくりつ》は，10の数《すう》百乗年《ひゃくじょうねん》に1回程度《かいていど》だといいます。私《わたし》たちの生涯《しょうがい》のうちに，真空崩壊《しんくうほうかい》がおきる心配《しんぱい》はまずないでしょう。ただし，現代物理学《げんだいぶつりがく》では真空《しんくう》の性質《せいしつ》が完《かん》全《ぜん》には解明《かいめい》されていないため，この確率《かくりつ》は今後《こんご》，大《おお》きく変動《へんどう》する可能性《かのうせい》があります。

宇宙《うちゅう》に破滅《はめつ》をもたらす“泡《あわ》”が膨張《ぼうちょう》していく

真空崩壊《しんくうほうかい》は，小《ち》さな“真空《しんくう》の泡《あわ》”からはじまります。“真《しん》の真空《しんくう》の泡《あわ》”はほぼ光速《こうそく》で膨張《ぼうちょう》していき，宇《う》宙《ちゅう》を飲《の》みこんでいきます。この場《ば》合《あい》，空間自体《くうかんじたい》は残《のこ》りますが，物理《ぶつり》法則《ほうそく》が変《か》わるため，現在《げんざい》の世界《せかい》は終《お》わりをむかえます。

可能性ゼロではない宇宙の突然死

真空《しんくう》のエネルギーが真空崩壊《しんくうほうかい》のかぎをにぎる

真空《しんくう》には,何《なん》らかのエネルギーが残《のこ》っている

一般的《いっぱんてき》に「真空《しんくう》」とは，大気圧《たいきあつ》よりも気圧《きあつ》が低《ひく》い状態《じょうたい》のことをさしますが，物質《ぶっしつ》が何《なに》も存在《そんざい》しない空間《くうかん》こそ，本来《ほんらい》の意味《いみ》での真空《しんくう》の状態《じょうたい》だといえます。

しかし物理学《ぶつりがく》の世界《せかい》では，気体分子《きたいぶんし》やちりなどの物質《ぶっしつ》をすべて取《と》りのぞいても，ほんとうの真空《しんくう》とはいえません。**空間《くうかん》にさしこむ光《ひかり》は「電磁波《でんじは》」という波《なみ》であると同時《どうじ》に，「光子《こうし》」という粒子《りゅうし》でもあります。ほんとうの真空《しんくう》とは，光子《こうし》などを含《ふく》めた，ありとあらゆる粒子《りゅうし》が完全《かんぜん》に取《と》りのぞかれた空間《くうかん》の状態《じょうたい》なのです。**

実《じつ》は，ほんとうの真空《しんくう》が実現《じつげん》できたとしても，空間《くうかん》には何《なん》らかのエネルギーが残《のこ》ると考《かんが》えられています。**それ以上《いじょう》取《と》りのぞくことのできない，空間《くうかん》に残《のこ》されたエネルギーのことを，「真空《しんくう》のエネルギー」といいます。**これは，空間《くうかん》で実現《じつげん》しうる，最《もっと》も低《ひく》い状態《じょうたい》のエネルギーだといえます。

真空崩壊《しんくうほうかい》には，この真空《しんくう》のエネルギーが大《おお》きくかかわっています。

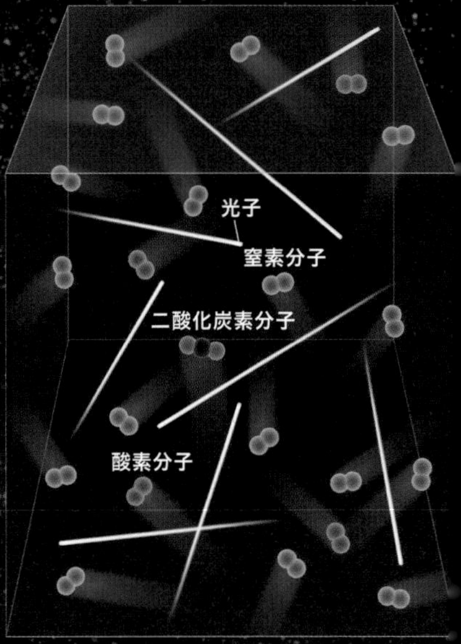

空間《くうかん》には，さまざまな粒子《りゅうし》が存在《そんざい》する

空気《くうき》がないとされる宇宙空間《うちゅうくうかん》であっても，非常《ひじょう》に希薄《きはく》ではありますが，微量《びりょう》のガスや，ちりのように細《こま》かい粒子《りゅうし》，そして“物質《ぶっしつ》ではない粒子《りゅうし》”である光子《こうし》などが存在《そんざい》しています。これらの粒子《りゅうし》をすべて取《と》りのぞくことは，既存《きぞん》の技術《ぎじゅつ》では困難《こんなん》です。

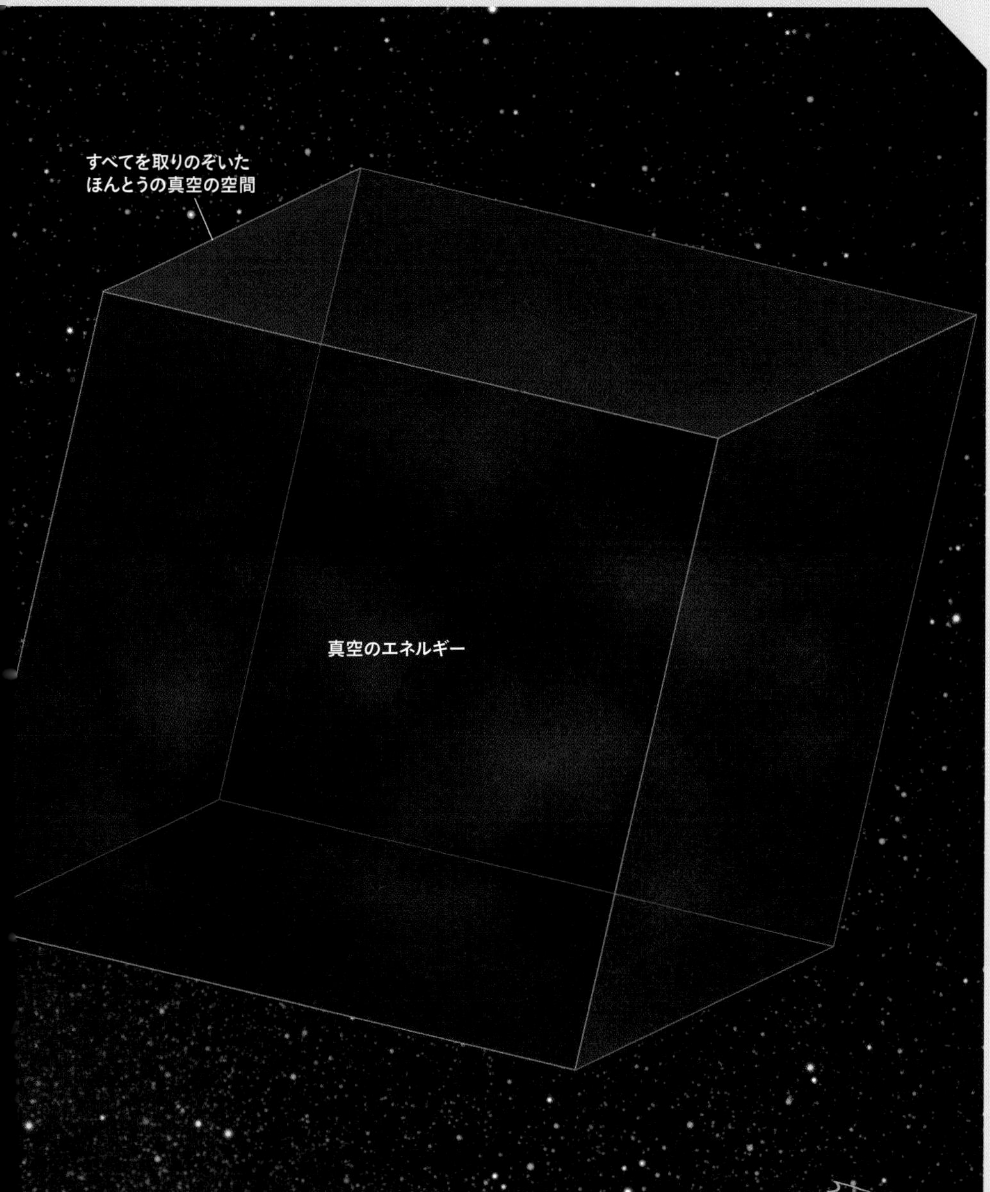

真空《しんくう》に残《のこ》る“何《なに》か”

空間《くうかん》からありとあらゆる物質《ぶっしつ》を取《と》りのぞいた空《から》っぽの空間《くうかん》であっても，どういうわけかエネルギーが残《のこ》ってしまうと考《かんが》えられています。この取《と》りのぞけないエネルギーが「真空崩壊《しんくうほうかい》」を引《ひ》きおこす，重要《じゅうよう》なかぎとなるのです。

可能性ゼロではない宇宙の突然死

現在《げんざい》の宇宙《うちゅう》は“偽《ぎ》の真空《しんくう》”かもしれない

真空《しんくう》も，水《みず》と同《おな》じように変化《へんか》することがある

※：スイスのジュネーブ郊外にある世界最大の素粒子実験施設「LHC」で，2012年に発見された素粒子。さまざまな素粒子の質量にかかわることがよく知られています。

たとえば，水《みず》は温度《おんど》によって，水《すい》蒸気《じょうき》や氷《こおり》に変化《へんか》します。このような物質《ぶっしつ》の状態《じょうたい》の変化《へんか》を，「相転《そうてん》移《い》」といいます。水《みず》が氷《こおり》に相転移《そうてんい》するのは，0℃以下《いか》では氷《こおり》のほうがエネルギーが低《ひく》いためです。**水《みず》と同《おな》じように，真空《しんくう》も，よりエネルギーの低《ひく》い状態《じょうたい》に相転移《そうてんい》することがあると考《かんが》えられています。**

真空《しんくう》の相転移《そうてんい》のかぎをにぎるのが，「ヒッグス粒子《りゅうし》※」です。ヒッグス粒《りゅう》子《し》の発見以降《はっけんいこう》，実際《じっさい》に観測《かんそく》されたヒッグス粒子《りゅうし》の質量《しつりょう》と，理論的《りろんてき》に予想《よそう》されたヒッグス粒子《りゅうし》の質量《しつりょう》のちがいが整理《せいり》されました。その結果《けっか》をもとに真空《しんくう》のエネルギーを計算《けいさん》すると，現在《げんざい》の真空《しんくう》は最《もっと》もエネルギーが低《ひく》い状態《じょうたい》ではない可能性《かのうせい》が出《で》てきました。さらにエネルギーの低《ひく》い，“真《しん》の真空《しんくう》”が存在《そんざい》するかもしれないのです。

これは現在《げんざい》の真空《しんくう》が，よりエネルギーの低《ひく》い“真《しん》の真空《しんくう》”へ相転移《そうてんい》する可能性《かのうせい》があることを意味《いみ》します。

エネルギーの“山《やま》”の向《む》こうに“真《しん》の真空《しんくう》”があるかもしれない

“偽《ぎ》の真空《しんくう》”と“真《しん》の真空《しんくう》”の間《あいだ》には，大《おお》きな「エネルギーの“山《やま》”」があります。現在《げんざい》の真空《しんくう》（偽《ぎ》の真空《しんくう》）にエネルギーを加《くわ》えれば，エネルギーの“山《やま》”をこえて，エネルギーの低《ひく》い“真《しん》の真空《しんくう》”に移行《いこう》できるかもしれません。しかし，このエネルギーの“山《やま》”は非常《ひじょう》に高《たか》く，人為的《じんいてき》にこえることはできないと考《かんが》えられています。

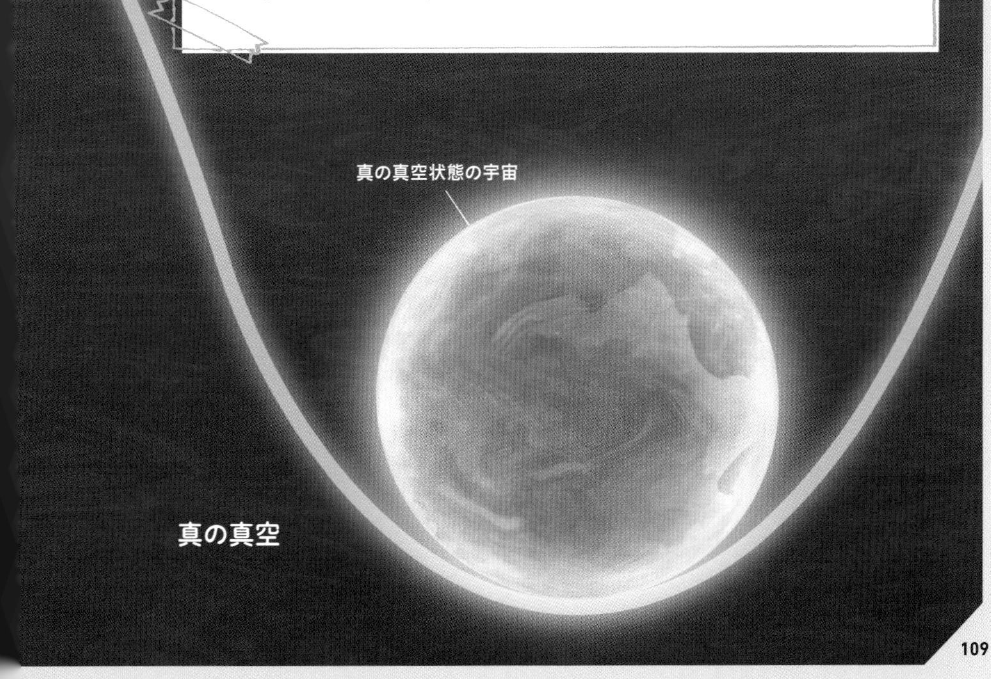

可能性ゼロではない宇宙の突然死

『トンネル効果《こうか》』が，真空崩壊《しんくうほうかい》を引《ひ》きおこす

エネルギーの“山《やま》”を通《とお》り抜《ぬ》けて真空《しんくう》が崩壊《ほうかい》する?

真空崩壊《しんくうほうかい》によって，“偽《ぎ》の真空《しんくう》”から“真《しん》の真空《しんくう》”に状態《じょうたい》が変化《へんか》するには，二《ふた》つの真空《しんくう》の間《あいだ》にあるエネルギーの“山《やま》”をこえるエネルギーが必要《ひつよう》です。そのため，エネルギーの“山《やま》”が十分《じゅうぶん》に高《たか》いのであれば，たとえ“真《しん》の真空《しんくう》”の状態《じょうたい》が存在《そんざい》するとしても，真空崩壊《しんくうほうかい》がおきることはないようにみえます。**しかし，エネルギーの“山《やま》”を直接《ちょくせつ》こえられなくても，トンネル効果《こうか》によって真空崩壊《しんくうほうかい》がおきてしまう可能性《かのうせい》があるといいます。**

一方《いっぽう》で，トンネル効果《こうか》によって真空崩壊《しんくうほうかい》がおきても，“真《しん》の真空《しんくう》の泡《あわ》”がすぐに消滅《しょうめつ》する可能性《かのうせい》もあるといいます。

“真《しん》の真空《しんくう》の泡《あわ》”が発生《はっせい》すると，その領域《りょういき》はエネルギーが低《ひく》い状態《じょうたい》になるものの，周囲《しゅうい》の真空《しんくう》との境界《きょうかい》は非常《ひじょう》に高《たか》いエネルギーをもつようになります。このとき“真《しん》の真空《しんくう》の泡《あわ》”が小《ちい》さすぎると，“真《しん》の真空《しんくう》の泡《あわ》”を保《たも》つよりも，もとの真《しん》空《くう》にもどったほうが，全体《ぜんたい》としてはエネルギーが小《ちい》さくなります。そのため，“真《しん》の真空《しんくう》の泡《あわ》”が小《ちい》さすぎる場合《ばあい》は，すぐに消滅《しょうめつ》してしまいます。

トンネル効果《こうか》でエネルギーの“山《やま》”をすり抜《ぬ》ける

普通《ふつう》，イラストの左側《ひだりがわ》のように小《ちい》さく揺《ゆ》れている球《きゅう》は，右側《みぎがわ》にある山《やま》をこえることはできません。しかし，量子力学《りょうしりきがく》の世界《せかい》では，たとえ山《やま》をこえるために必要《ひつよう》なエネルギーがなくても，まるで山《やま》をすり抜《ぬ》けたかのように，瞬間的《しゅんかんてき》に山《やま》の先《さき》に移動《いどう》してしまうことがあります。これを「トンネル効果《こうか》」といいます。

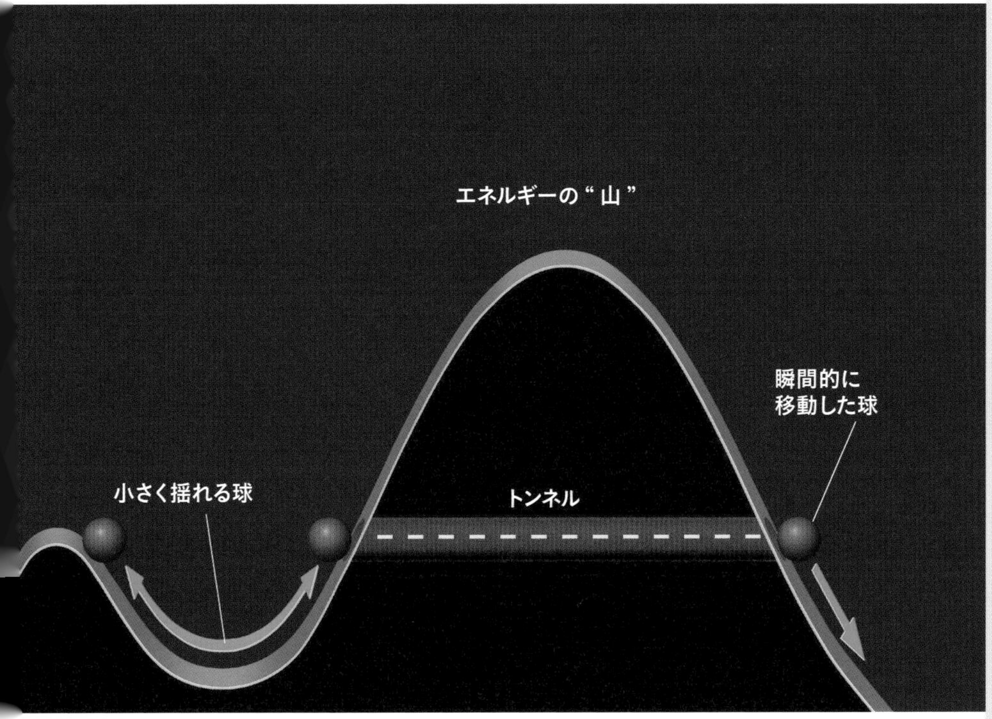

Column

コーヒーブレーク

ミクロな世界《せかい》では粒子《りゅうし》が壁《かべ》をすり抜《ぬ》ける

ミクロな粒子《りゅうし》の特徴《とくちょう》「トンネル効果《こうか》」

左《ひだり》ページは私《わたし》たちの住《す》むマクロな世界《せかい》のコップ，右《みぎ》ページはミクロな世界《せかい》のコップです。比較《ひかく》しやすくするために，両方《りょうほう》とも同《おな》じ大《おお》きさにえがいています。

マクロな世界《せかい》

コップに入《い》れたボールは，時間《じかん》が経過《けいか》してもコップの外《そと》に出《で》ることはありません。

ミクロな世界《せかい》では，私《わたし》たちの常識《じょうしき》からはかけはなれた，おどろくべき現象《げんしょう》がおきえます。たとえば，コップの中《なか》に入《い》れたボールは，だれかが取《と》りだしたりしないかぎり，いつまでもコップの中《なか》にあるでしょう。しかし，コップの中《なか》にミクロな粒子《りゅうし》である電子《でんし》を一《ひと》つ置《お》いたとすると，翌日《よくじつ》には，コップからすり抜《ぬ》けているかもしれません。

　こんなことがおきるのは，ミクロな世界《せかい》の住人《じゅうにん》である電子《でんし》が，波《なみ》と粒子《りゅうし》の両方《りょうほう》の性質《せいしつ》をもっているからです。そして，トンネル効果《こうか》（前ページ）によって，コップの壁《かべ》をすり抜《ぬ》けてしまうのです。

　たとえば，外《そと》から発信《はっしん》された電《でん》波《ぱ》が室内《しつない》にも届《とど》くのは，電波《でんぱ》が壁《かべ》などをわずかに通《とお》り抜《ぬ》けているというのが理由《りゆう》の一《ひと》つです。

　電子《でんし》がコップをすり抜《ぬ》けるのも，これと似《に》たような現象《げんしょう》と考《かんが》えることができるのです。

ミクロな世界《せかい》

ミクロなコップに入《い》れた粒子《りゅうし》は，「トンネル効果《こうか》」とよばれる現象《げんしょう》によってコップの外《そと》で観測《かんそく》されることがあります。

可能性ゼロではない宇宙の突然死

“真《しん》の真空《しんくう》の泡《あわ》”が加速《かそく》しながら膨張《ぼうちょう》する

宇宙《うちゅう》が飲《の》みこまれる確率《かくりつ》は，10^{544}億年《おくねん》に1回程度《かいていど》

トンネル効果《こうか》によって真空崩壊《しんくうほうかい》がおきると，“真《しん》の真空《しんくう》の泡《あわ》”は加速《かそく》しながら膨張《ぼうちょう》して，最終的《さいしゅうてき》にはほぼ光速《こうそく》で広《ひろ》がっていくと考《かんが》えられています。宇宙《うちゅう》のどこかで真空崩壊《しんくうほうかい》が発生《はっせい》した場合《ばあい》，どのような現象《げんしょう》が観測《かんそく》されるのでしょうか。

真空崩壊《しんくうほうかい》した領域《りょういき》がどのような物理法則《ぶつりほうそく》にしたがうのか，現段階《げんだんかい》では予想《よそう》がついていません。少《すく》なくとも今《いま》の宇宙《うちゅう》とは，まったくことなる物理法則《ぶつりほうそく》にしたがうと考《かんが》えられています。

真空崩壊《しんくうほうかい》した領域《りょういき》と，真空崩壊《しんくうほうかい》していない領域《りょういき》の境界《きょうかい》は，非常《ひじょう》に高《たか》いエネルギーをもつと考《かんが》えられています。そのため二《ふた》つの領域《りょういき》の境界《きょうかい》では，宇宙空間《うちゅうくうかん》に存在《そんざい》するガスやちりなどの細《こま》かい粒子《りゅうし》が，高《たか》いエネルギーをもった壁《かべ》にはじかれて，光輝《ひかりかがや》く可能性《かのうせい》があるといいます。

光速《こうそく》で拡大《かくだい》する光輝《ひかりかがや》く領域《りょういき》が観測《かんそく》された場合《ばあい》，もしかしたら，それは真空崩壊《しんくうほうかい》した領域《りょういき》なのかもしれません。ただし，その領域《りょういき》に私《わたし》たちが気《き》づいた直後《ちょくご》には，私《わたし》たち自身《じしん》が飲《の》みこまれてしまいます。

なお，観測《かんそく》できる範囲《はんい》の宇宙《うちゅう》で真空崩壊《しんくうほうかい》が発生《はっせい》し，宇宙《うちゅう》が飲《の》みこまれてしまう確率《かくりつ》は，素粒子物理学《そりゅうしぶつりがく》の基本的《きほんてき》な理論《りろん》（標準理論《ひょうじゅんりろん》）をもとに計算《けいさん》すると，10^{554}億年《おくねん》に1回程度《かいていど》だといいます。もちろん，大《おお》きい誤差《ごさ》もありますが，現在《げんざい》の宇宙《うちゅう》の年齢《ねんれい》が約《やく》138億年《おくねん》であることを考《かんが》えると，宇宙《うちゅう》がすぐに“真《しん》の真空《しんくう》の泡《あわ》”に飲《の》みこまれることはなさそうです。

エネルギーの低《ひく》い“真《しん》の真空《しんくう》”が，加速《かそく》しながら広《ひろ》がっていく！

真空崩壊《しんくうほうかい》が発生《はっせい》し，真空《しんくう》のエネルギーが低《ひく》い領域《りょういき》（青色《あおいろ》でへこんだ領域《りょういき》）が同心《どうしん》円状《えんじょう》に広《ひろ》がっていくイメージを2次元的《じげんてき》にえがきました。“真《しん》の真空《しんくう》”と“偽《ぎ》の真空《しんくう》”の境界《きょうかい》では，エネルギーが非常《ひじょう》に高《たか》くなります。

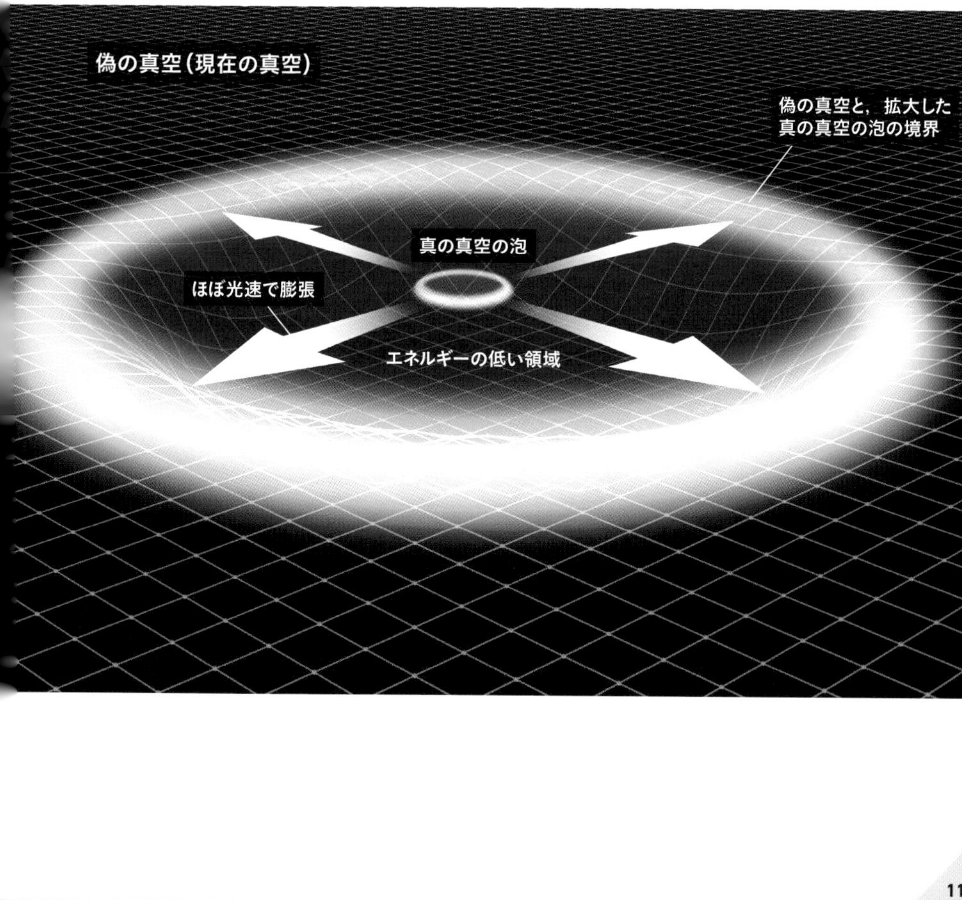

可能性ゼロではない宇宙の突然死

極小《きょくしょう》のブラックホールが，真空崩壊《しんくうほうかい》の“タネ”？

ゆがんだ空間《くうかん》が，真空崩壊《しんくうほうかい》を発生《はっせい》しやすくする

真《しん》空崩壊《くうほうかい》は，ゆがんだ空間《くうかん》の周《しゅう》辺《へん》で発生《はっせい》しやすいと考《かんが》えられています。ブラックホール周辺《しゅうへん》の空《くう》間《かん》は，ブラックホールの巨大《きょだい》な質量《しつりょう》で大《おお》きくゆがんでいるため，真空崩《しんくうほう》壊《かい》が発生《はっせい》しやすいとされます。**なかでも「原始《げんし》ブラックホール」とよばれる極小《きょくしょう》のブラックホールは，真空《しんくう》崩壊《ほうかい》の“タネ”になるといいます。**

原始《げんし》ブラックホールは，「ホーキング放射《ほうしゃ》」とよばれる熱《ねつ》の放射《ほうしゃ》で徐々《じょじょ》に小《ちい》さくなり，最後《さいご》は消滅《しょうめつ》すると考《かんが》えられています。最近《さいきん》の研究《けんきゅう》によると，原始《げんし》ブラックホールを核《かく》として，原始《げんし》ブラックホールと中心《ちゅうしん》が一致《いっち》する“真《しん》の真空《しんくう》の泡《あわ》”が生《しょう》じた場合《ばあい》，原《げん》始《し》ブラックホールが消滅《しょうめつ》するのよりも早《はや》く，“真《しん》の真空《しんくう》の泡《あわ》”が宇宙《うちゅう》に広《ひろ》がる可能性《かのうせい》があるといいます。

なお，原始《げんし》ブラックホールがほんとうに存在《そんざい》するのかどうかは，わかっていません。そのため，原始《げんし》ブラックホールを核《かく》とする真空崩壊《しんくうほうかい》がおきる確率《かくりつ》も予測《よそく》できません。

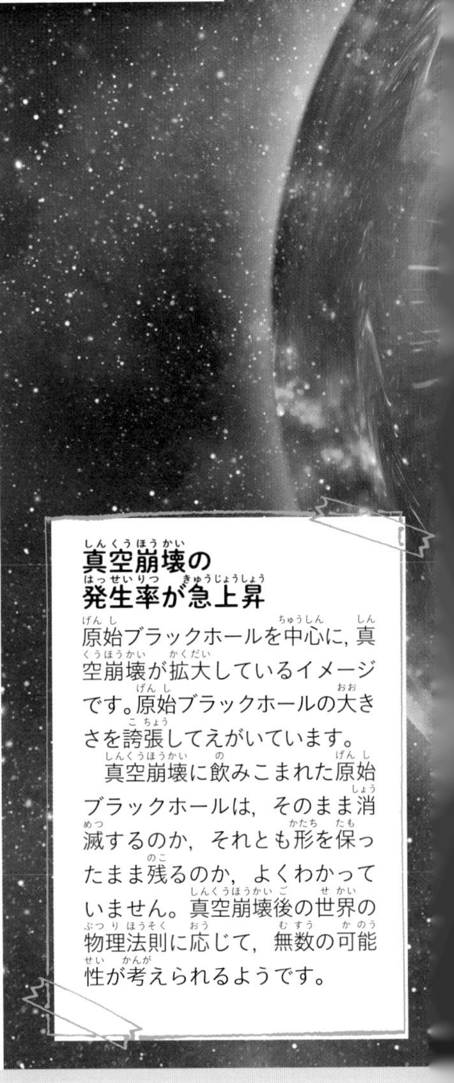

真空崩壊《しんくうほうかい》の発生率《はっせいりつ》が急上昇《きゅうじょうしょう》

原始《げんし》ブラックホールを中心《ちゅうしん》に，真《しん》空崩壊《くうほうかい》が拡大《かくだい》しているイメージです。原始《げんし》ブラックホールの大《おお》きさを誇張《こちょう》してえがいています。

真空崩壊《しんくうほうかい》に飲《の》みこまれた原始《げんし》ブラックホールは，そのまま消《しょう》滅《めつ》するのか，それとも形《かたち》を保《たも》ったまま残《のこ》るのか，よくわかっていません。真空崩壊後《しんくうほうかいご》の世界《せかい》の物理法則《ぶつりほうそく》に応《おう》じて，無数《むすう》の可能《かのう》性《せい》が考《かんが》えられるようです。

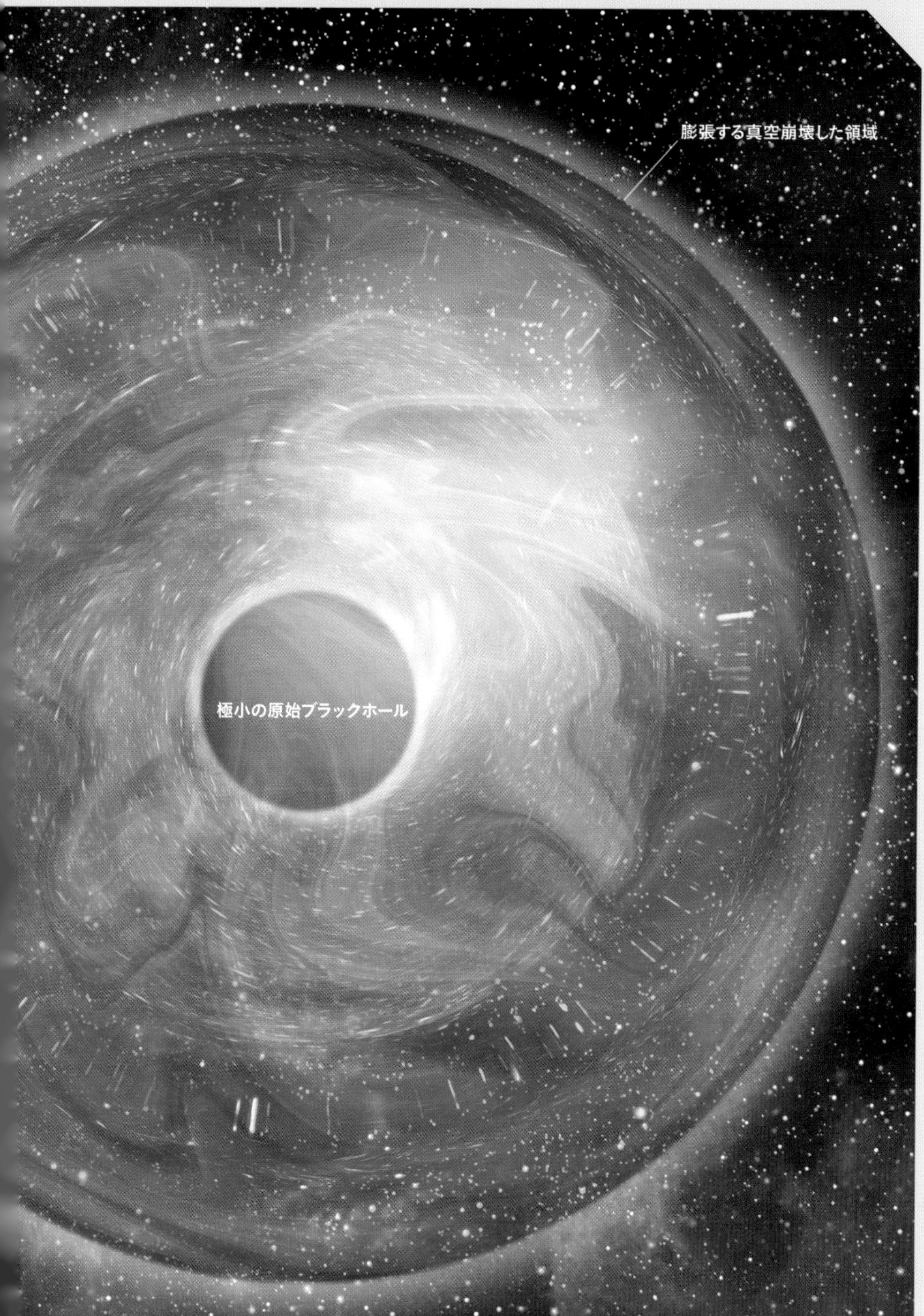
膨張する真空崩壊した領域
極小の原始ブラックホール

可能性ゼロではない宇宙の突然死

真空崩壊《しんくうほうかい》がおきれば，あらゆる構造《こうぞう》がばらばらに!?

物理法則《ぶつりほうそく》が乱《みだ》れて原子《げんし》が形《かたち》を保《たも》てなくなる

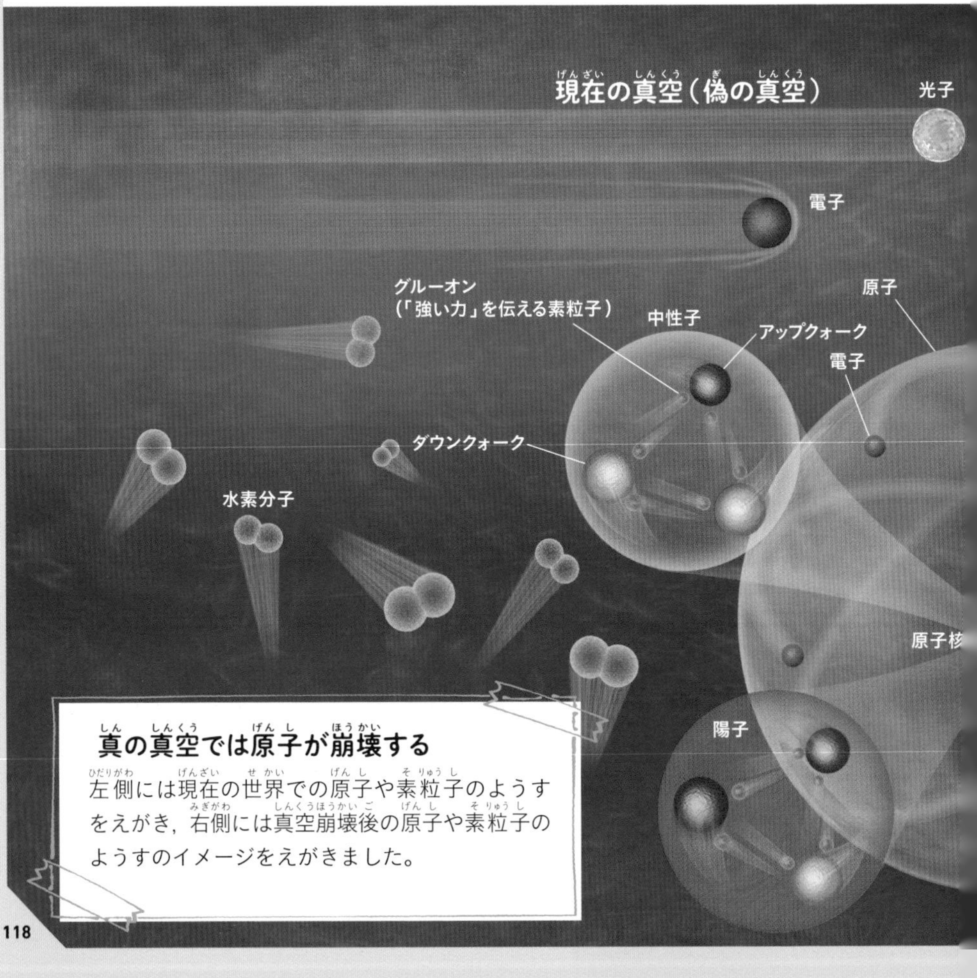

真《しん》の真空《しんくう》では原子《げんし》が崩壊《ほうかい》する

左側《ひだりがわ》には現在《げんざい》の世界《せかい》での原子《げんし》や素粒子《そりゅうし》のようすをえがき，右側《みぎがわ》には真空崩壊後《しんくうほうかいご》の原子《げんし》や素粒子《そりゅうし》のようすのイメージをえがきました。

宇《う》宙《ちゅう》は，真空《しんくう》という“土台《どだい》”の上《うえ》にのったさまざまな粒子《りゅうし》でなりたっています。

真空崩壊《しんくうほうかい》が発生《はっせい》すると，ヒッグス粒子《りゅうし》のもととなる「ヒッグス場《ば》」の値《あたい》が現在《げんざい》の約《やく》10^{16}倍《ばい》になると考《かんが》えられています。ヒッグス場《ば》は，素粒子《そりゅうし》に質量《しつりょう》をあたえるはたらきをもつと考《かんが》えられています。つまり真空崩壊《しんくうほうかい》が生《しょう》じると，ヒッグス場《ば》の値《あたい》に比例《ひれい》してあらゆる素粒子《そりゅうし》の質量《しつりょう》がとてつもなく“重《おも》く”なり，それまでのようには動《うご》けなくなるのです。

あらゆる物質《ぶっしつ》は，基本的《きほんてき》に無数《むすう》の原子《げんし》でできています。原子《げんし》は，陽子《ようし》や中性子《ちゅうせいし》からなる原子核《げんしかく》と，電子《でんし》からなります。陽子《ようし》や中性子《ちゅうせいし》は，それぞれ三《みっ》つの「クォーク」とよばれる素粒子《そりゅうし》が「強《つよ》い力《ちから》」で結《むす》びつき，その形《かたち》を保《たも》っています。

ヒッグス場《ば》の値《あたい》が極端《きょくたん》にふえた場合《ばあい》，「強《つよ》い力《ちから》」の影響《えいきょう》が弱《よわ》くなると考《かんが》えられます。その結果《けっか》，原子核《げんしかく》が形《かたち》を保《たも》てなくなると考《かんが》えられます。

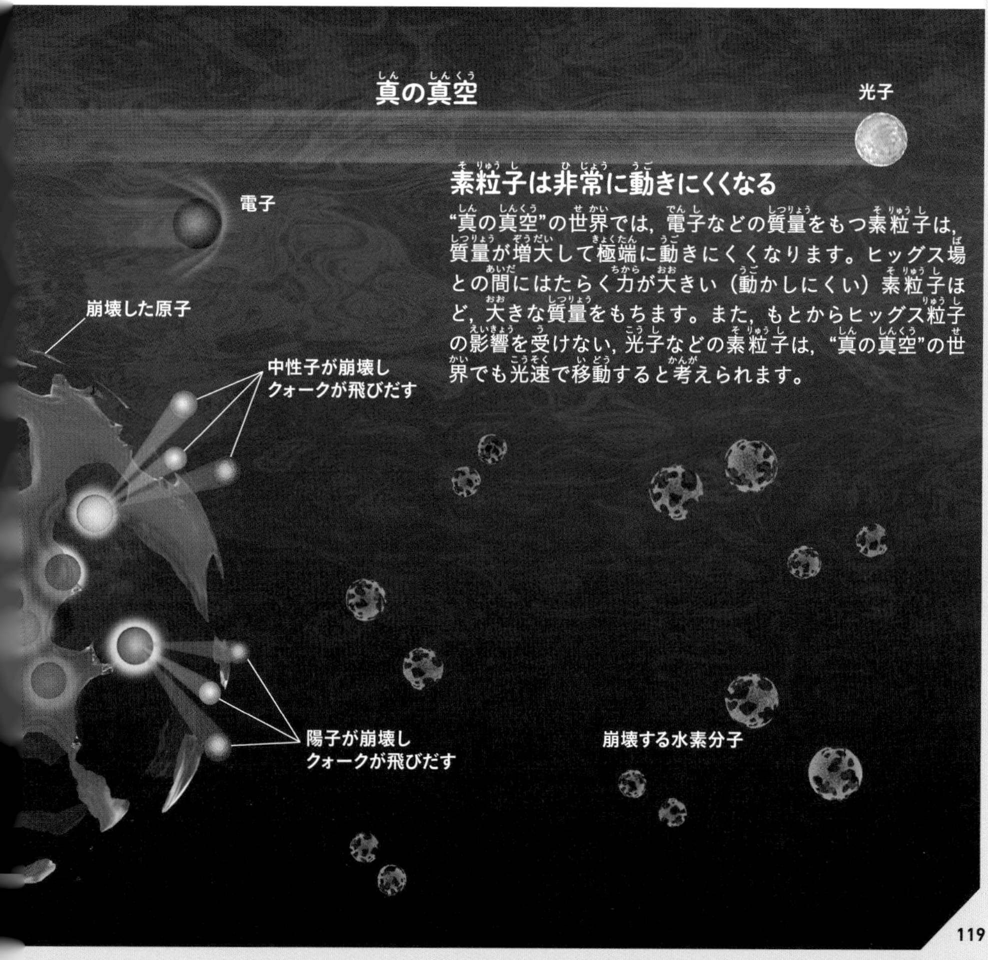

素粒子《そりゅうし》は非常《ひじょう》に動《うご》きにくくなる

“真《しん》の真空《しんくう》”の世界《せかい》では，電子《でんし》などの質量《しつりょう》をもつ素粒子《そりゅうし》は，質量《しつりょう》が増大《ぞうだい》して極端《きょくたん》に動《うご》きにくくなります。ヒッグス場《ば》との間《あいだ》にはたらく力《ちから》が大《おお》きい（動《うご》かしにくい）素粒子《そりゅうし》ほど，大《おお》きな質量《しつりょう》をもちます。また，もとからヒッグス粒子《りゅうし》の影響《えいきょう》を受《う》けない，光子《こうし》などの素粒子《そりゅうし》は，“真《しん》の真空《しんくう》”の世界《せかい》でも光速《こうそく》で移動《いどう》すると考《かんが》えられます。

可能性ゼロではない宇宙の突然死

宇宙《うちゅう》の初期《しょき》には真空崩壊《しんくうほうかい》がおきていた？

素粒子物理学者《そりゅうしぶつりがくしゃ》の間《あいだ》では，現在《げんざい》も議論《ぎろん》がつづいている

宇《う》宙《ちゅう》は誕生《たんじょう》したばかりのころ，非常《ひじょう》に高温《こうおん》・高密度《こうみつど》で，あらゆる素粒子《そりゅうし》が入《い》り乱《みだ》れた状態《じょうたい》だったと考《かんが》えられています。現在《げんざい》「ヒッグス粒子《りゅうし》」とよばれている素粒子《そりゅうし》も，宇宙《うちゅう》の誕生直後《たんじょうちょくご》は今《いま》とはまったく別《べつ》の性質《せいしつ》をもっていたと考《かんが》えられています。

しかし宇宙《うちゅう》は誕生直後《たんじょうちょくご》，一瞬《いっしゅん》で急膨張《きゅうぼうちょう》し，一気《いっき》に冷《ひ》えていきました。そして このとき，「真空《しんくう》の相《そう》転移《てんい》」がおきたと考《かんが》えられています。素粒子物理学《そりゅうしぶつりがく》では，この相転《そうてん》移《い》のことを「電弱相転移《でんじゃくそうてんい》」とよんでいます。この相転移《そうてんい》によって，ヒッグス粒子《りゅうし》を含《ふく》めたさまざまな素《そ》粒子《りゅうし》が，現在《げんざい》の質量《しつりょう》をもつようになったのです。真空《しんくう》の相転移《そうてんい》がおきたことは，まさに「真空崩壊《しんくうほうかい》」がおきたということとも考《かんが》えられます。しかし，話《はなし》はそう簡単《かんたん》ではないのです。

真空崩壊《しんくうほうかい》が発生《はっせい》した場合《ばあい》，トンネル効果《こうか》によってこれまでの宇《う》宙《ちゅう》とはまったく性質《せいしつ》のことなる宇《う》宙空間《ちゅうくうかん》が突然《とつぜん》あらわれるはずです。しかし，宇宙初期《うちゅうしょき》に発生《はっせい》した真空《しんくう》の相転移《そうてんい》は，少《すこ》しずつ，連続的《れんぞくてき》に真空《しんくう》の状態《じょうたい》が変化《へんか》していき，現在《げんざい》の姿《すがた》に落《お》ち着《つ》いたと考《かんが》えられています。このようなおだやかな変化《へんか》は，実《じつ》は真空崩壊《しんくうほうかい》とはいいません。

一方《いっぽう》で，宇宙初期《うちゅうしょき》に発生《はっせい》した真《しん》空《くう》の相転移《そうてんい》が真空崩壊《しんくうほうかい》だった場合《ばあい》，現在《げんざい》の宇宙《うちゅう》に存在《そんざい》する物質《ぶっしつ》の量《りょう》をうまく説明《せつめい》できるという考《かんが》えもあります。そのため，**素粒子物理学《そりゅうしぶつりがく》者《しゃ》の間《あいだ》では，宇宙《うちゅう》の誕生初期《たんじょうしょき》に発《はっ》生《せい》した真空《しんくう》の相転移《そうてんい》がおだやかな変化《へんか》だったのか，それとも急激《きゅうげき》な変化《へんか》（つまり真空崩壊《しんくうほうかい》）だったのか，現在《げんざい》も議論《ぎろん》がつづいています。**

素粒子《そりゅうし》に質量《しつりょう》をあたえた真空《しんくう》の相転移《そうてんい》

宇宙誕生《うちゅうたんじょう》 直後《ちょくご》に生《しょう》じた「真空《しんくう》の相転移《そうてんい》」の前後《ぜんご》でのヒッグス場《ば》のようすです。相転移《そうてんい》前《まえ》（イラスト左側《ひだりがわ》）は，ヒッグス粒子《りゅうし》のもとになる素粒子《そりゅうし》が無秩序《むちつじょ》に動《うご》きまわり，あらゆる素粒子《そりゅうし》が光速《こうそく》で動《うご》いていました。一方《いっぽう》，相転移《そうてんい》後《ご》（イラスト右側《みぎがわ》）では，ヒッグス粒子《りゅうし》のもとになる素粒子《そりゅうし》が空間《くうかん》に充満《じゅうまん》し，質量《しつりょう》を獲得《かくとく》して動《うご》きの遅《おそ》くなる素粒子《そりゅうし》があらわれました。

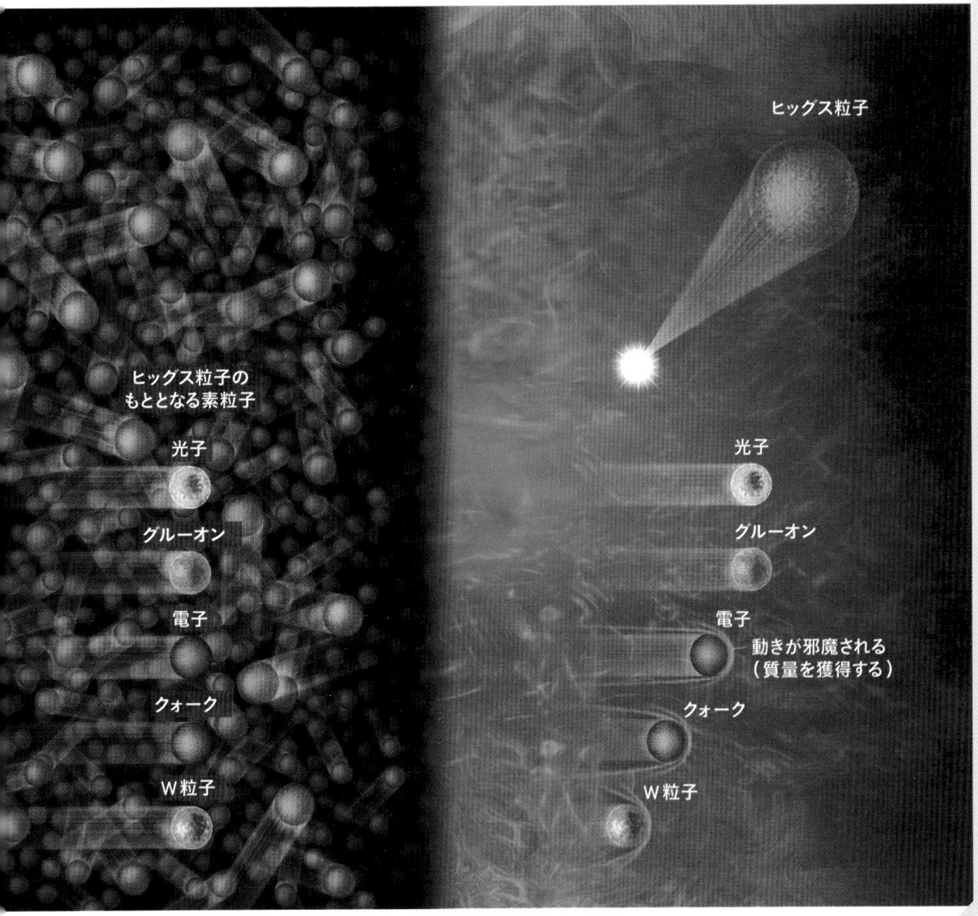

可能性ゼロではない宇宙の突然死

真空崩壊《しんくうほうかい》は，宇宙《うちゅう》のどこかで発生《はっせい》しているかもしれない

観測《かんそく》できない領域《りょういき》で発生《はっせい》しても地球《ちきゅう》は飲《の》みこまれない

すでに宇宙《うちゅう》のどこかでは，真空《しんくう》崩壊《ほうかい》がおきている可能性《かのうせい》もあります。宇宙《うちゅう》は膨張《ぼうちょう》しており，遠《とお》くにある天体《てんたい》ほど，より速《はや》く遠《とお》ざかっていることが知《し》られています。**実《じつ》は，私《わたし》たちの観測《かんそく》できる宇宙《うちゅう》の外側《そとがわ》にも，宇宙空間《うちゅうくうかん》はさらに広《ひろ》がっていると考《かんが》えられています**。そのような遠方《えんぽう》にある宇宙空間《うちゅうくうかん》は，私《わたし》たちから見《み》て，光速《こうそく》をも上《うわ》まわる速度《そくど》で遠《とお》ざかっていることになります。

宇宙《うちゅう》の広《ひろ》さはよくわかっておらず，無限《むげん》に広《ひろ》いとも考《かんが》えられています。もし，ほんとうに宇宙《うちゅう》が無限《むげん》に広《ひろ》いのであれば，私《わたし》たちから見《み》て光速《こうそく》を上《うわ》まわる速度《そくど》で膨張《ぼうちょう》している宇宙《うちゅう》のどこかで真空崩壊《しんくうほうかい》が発生《はっせい》していたとしてもおかしくありません。

ただし，真空崩壊《しんくうほうかい》した領域《りょういき》が拡大《かくだい》する速度《そくど》は，光速《こうそく》を上《うわ》まわることができません。そのため，**光速《こうそく》を上《うわ》まわる速度《そくど》で遠《とお》ざかる宇宙《うちゅう》で真空崩壊《しんくうほうかい》が発生《はっせい》しても，その領域《りょういき》が地球《ちきゅう》まで到達《とうたつ》することはありません。**

観測可能《かんそくかのう》な領域《りょういき》の“外側《そとがわ》”でおきた真空崩壊《しんくうほうかい》は届《とど》かない

宇宙空間《うちゅうくうかん》は膨張《ぼうちょう》しているため，地球《ちきゅう》が位置《いち》する天《あま》の川《がわ》銀河《ぎんが》から周囲《しゅうい》を見《み》ると，遠《とお》くにある銀河《ぎんが》ほど速《はや》く遠《とお》ざかっていきます。光速未満《こうそくみまん》で遠《とお》ざかる銀河《ぎんが》から放《はな》たれた光《ひかり》はいずれ地球《ちきゅう》に到達《とうたつ》します。しかし，光速《こうそく》よりも速《はや》く遠《とお》ざかってしまう銀河《ぎんが》から放《はな》たれた光《ひかり》は，基本的《きほんてき》に永遠《えいえん》に地球《ちきゅう》に届《とど》くことはありません。また，真空崩壊《しんくうほうかい》した領域《りょういき》が拡大《かくだい》する速度《そくど》は光速未満《こうそくみまん》なので，観測可能《かんそくかのう》な領域《りょういき》の外側《そとがわ》で発生《はっせい》した真空崩壊《しんくうほうかい》に地球《ちきゅう》が飲《の》みこまれることもありません。

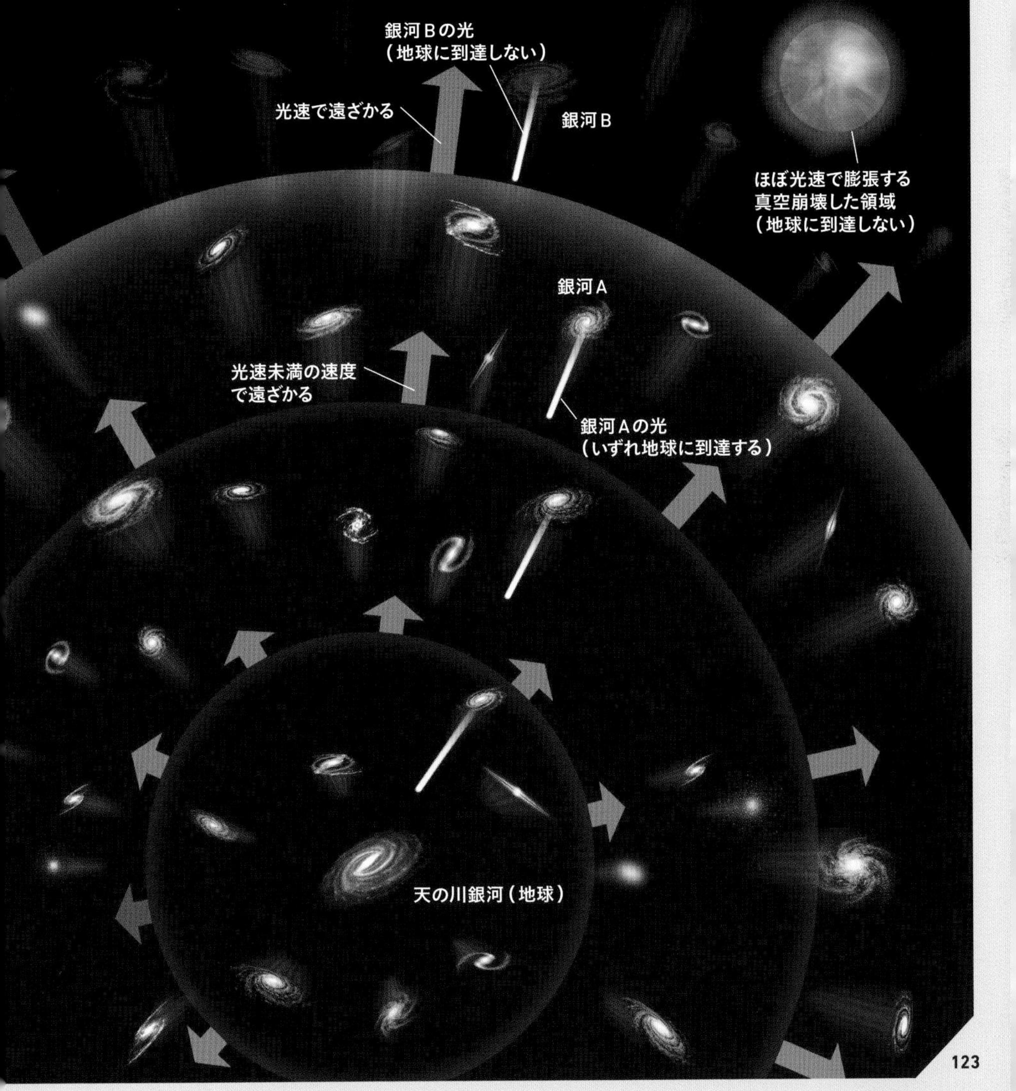

Column

コーヒーブレーク

宇宙《うちゅう》は無数《むすう》に存在《そんざい》する?

近《きん》年《ねん》，宇宙論《うちゅうろん》の分野《ぶんや》では，私《わたし》たちの宇宙《うちゅう》と空間的《くうかんてき》なつながりのない「別《べつ》の宇宙《うちゅう》」の存在《そんざい》を予言《よげん》する理論《りろん》が複数提唱《ふくすうていしょう》されています。**このような無数《むすう》の宇宙《うちゅう》の存《そん》在《ざい》を考《かんが》える理論《りろん》は，「マルチバース宇宙論《うちゅうろん》」などとよばれています。**

たとえば，初期宇宙《しょきうちゅう》についての「インフレーション理論《りろん》」から派《は》生《せい》したマルチバース宇宙論《うちゅうろん》があります。インフレーション理論《りろん》とは，誕生直後《たんじょうちょくご》の宇宙《うちゅう》が，現在《げんざい》の宇《う》宙《ちゅう》の膨張《ぼうちょう》とは比較《ひかく》にならないほど猛烈《もうれつ》なスピードで膨張《ぼうちょう》したとする理論《りろん》です。完全《かんぜん》に実証《じっしょう》されてはいませんが，多《おお》くの研究者《けんきゅうしゃ》が支持《しじ》しています。

インフレーションの過程《かてい》で，宇《う》宙《ちゅう》から子宇宙《こうちゅう》が生《う》まれ，子宇宙《こうちゅう》から孫宇宙《まごうちゅう》が生《う》まれるといった「宇《う》宙《ちゅう》の多重発生《たじゅうはっせい》」がおきたという説《せつ》があります。これらの“親子関係《おやこかんけい》”にある宇宙《うちゅう》は，最初《さいしょ》は空間的《くうかんてき》につながっています。しかし，その後《ご》，つながりが切《き》れてしまったと考《かんが》えられています※1。

マルチバース宇宙論《うちゅうろん》が存在《そんざい》を予言《よげん》する「別《べつ》の宇宙《うちゅう》」は，基本的《きほんてき》には，天文観測《てんもんかんそく》や物理実験《ぶつりじっけん》による反《はん》証《しょう》※2はできないとされています。そのため，マルチバース宇宙論《うちゅうろん》は科学的《かがくてき》ではないという批判《ひはん》もあります。しかし，「すでに広《ひろ》く認《みと》められている理論《りろん》から，論理的《ろんりてき》に別《べつ》の宇宙《うちゅう》の存在可能性《そんざいかのうせい》がみちびかれるのであれば，それを非科学的《ひかがくてき》だと断《だん》じるのは適当《てきとう》ではない」といった意見《いけん》もあります。**マルチバース宇宙論《うちゅうろん》は，「『宇宙《うちゅう》が存在《そんざい》する』とはどういうことなのか」という究極《きゅうきょく》の難問《なんもん》にも深《ふか》くかかわっているといえるでしょう。**

※1：インフレーション理論にもとづいたマルチバース宇宙論にも，複数のバリエーションがあります。

※2：実験や観測などで，仮説がまちがっていることを立証すること。なお，反証可能な別の宇宙を考える理論モデルもあります。

無数《むすう》に存在《そんざい》する宇宙《うちゅう》

イラストはマルチバース宇宙論《うちゅうろん》のイメージです。球面《きゅうめん》の一《ひと》つ一《ひと》つがそれぞれ別《べつ》の宇宙《うちゅう》をあらわしています。別《べつ》の宇宙《うちゅう》は，私《わたし》たちの宇宙《うちゅう》とはことなった姿《すがた》をしている可能性《かのうせい》があります。

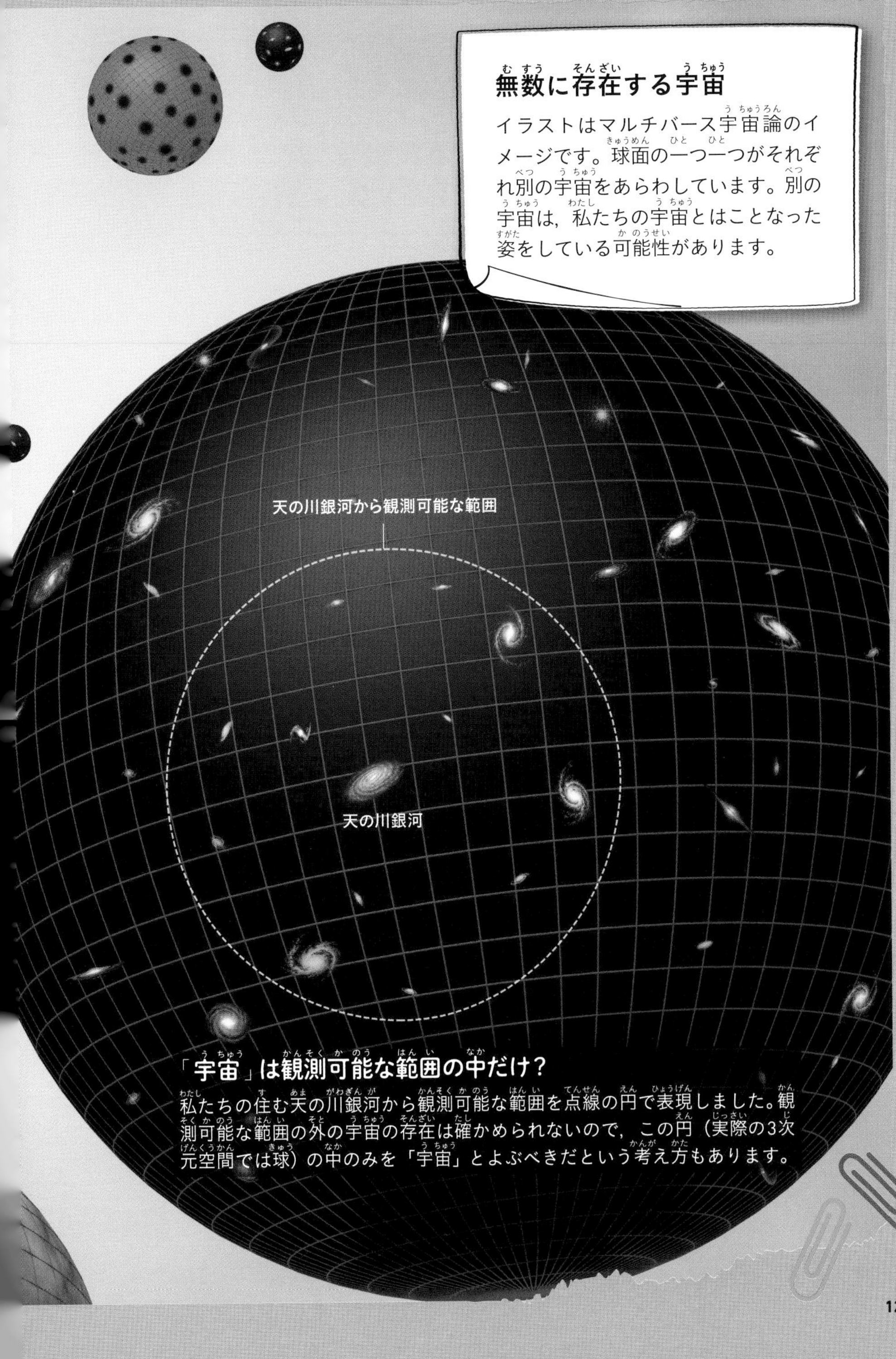

「宇宙《うちゅう》」は観測可能《かんそくかのう》な範囲《はんい》の中《なか》だけ？

私《わたし》たちの住《す》む天《あま》の川銀河《がわぎんが》から観測可能《かんそくかのう》な範囲《はんい》を点線《てんせん》の円《えん》で表現《ひょうげん》しました。観《かん》測《そく》可能《かのう》な範囲《はんい》の外《そと》の宇宙《うちゅう》の存在《そんざい》は確《たし》かめられないので，この円《えん》（実際《じっさい》の3次《じ》元空間《げんくうかん》では球《きゅう》）の中《なか》のみを「宇宙《うちゅう》」とよぶべきだという考《かんが》え方《かた》もあります。

5

宇宙《うちゅう》の未来《みらい》を占《うらな》う最新研究《さいしんけんきゅう》

ここまで，宇宙《うちゅう》の終《お》わりのさまざまなシナリオを紹介《しょうかい》してきました。今《いま》，宇宙《うちゅう》の運命《うんめい》や未来《みらい》を知《し》るために，世界各国《せかいかっこく》でさまざまな大規模《だいきぼ》プロジェクトが進行《しんこう》しています。最終章《さいしゅうしょう》では，宇宙《うちゅう》の終《お》わりの最新研究《さいしんけんきゅう》を紹《しょう》介《かい》します。

陽子崩壊《ようしほうかい》を検出《けんしゅつ》するための巨大装置《きょだいそうち》

今後《こんご》20年《ねん》で検出《けんしゅつ》できるかもしれない

2章《しょう》で「陽子崩壊《ようしほうかい》」の話《はなし》をしました。陽子崩壊《ようしほうかい》がおきると，遠《とお》い未来《みらい》にブラックホール以外《いがい》の天体《てんたい》が消《き》えてなくなると予想《よそう》されます。**この陽子崩壊《ようしほうかい》を検出《けんしゅつ》するための巨大実験装置《きょだいじっけんそうち》が，岐阜県神岡《ぎふけんかみおか》鉱山跡《こうざんあと》の地下《ちか》につくられた「カミオカンデ」と「スーパーカミオカンデ」です。**

カミオカンデは，4500トンの水《みず》を巨大水槽《きょだいすいそう》に蓄《たくわ》えて，水分子《みずぶんし》に含《ふく》まれる陽子《ようし》が崩壊《ほうかい》するときに出《で》る光《ひかり》をとらえる実験《じっけん》を，1983年《ねん》から行《おこな》っています。1996年《ねん》からは，水《みず》の量《りょう》を5万《まん》トンにふやしたスーパーカミオカンデに実験《じっけん》が引《ひ》きつがれ，現在《げんざい》もつづけられています。しかし，約《やく》40年《ねん》も実験《じっけん》をつづけているのに，陽子崩壊《ようしほうかい》は一度《いちど》も検出《けんしゅつ》されていません。

このことから陽子《ようし》の寿命《じゅみょう》※は，少《すく》なくとも10^{34}年《ねん》よりは長《なが》いだろうと推定《すいてい》されています。仮《かり》に陽子《ようし》の寿命《じゅみょう》が10^{34}年《ねん》だとすると，陽子《ようし》を10^{34}個《こ》集《あつ》めた場合《ばあい》，毎年《まいとし》1個程《こてい》度《ど》は崩壊《ほうかい》することになります。

そこで2020年《ねん》，水《みず》の量《りょう》を26万《まん》トンまでふやす「ハイパーカミオカンデ」の建設《けんせつ》がはじまりました。計画《けいかく》どおりに進《すす》めば，2027年《ねん》から実験《じっけん》を開始《かいし》する予定《よてい》です。もし，陽子《ようし》の寿命《じゅみょう》が10^{35}年《ねん》より短《みじか》ければ，ハイパーカミオカンデで実験《じっけん》を20年間《ねんかん》つづければ，陽子崩壊《ようしほうかい》を検出《けんしゅつ》できるはずです。

陽子崩壊《ようしほうかい》を検出《けんしゅつ》するプロジェクトは海外《かいがい》にもあります。たとえば中国《ちゅうごく》では，2万《まん》トンのリニアアルキルベンゼン（LAB）という油《あぶら》を使《つか》う実験《じっけん》「JUNO《ジュノー》」が，アメリカでは4万《まん》トンの液体《えきたい》アルゴンを使《つか》う実験《じっけん》「DUNE《デューン》」が，それぞれ2020年代《ねんだい》にはじまる予定《よてい》です。

※：陽子の数がもとの約2.7分の1に減るまでにかかる時間。

より巨大化《きょだいか》するハイパーカミオカンデ

現在《げんざい》のスーパーカミオカンデ（左《ひだり》）の水量《すいりょう》が約《やく》5万《まん》トンであるのに対《たい》し，建設《けんせつ》中《ちゅう》のハイパーカミオカンデ（右《みぎ》）は水量《すいりょう》が約《やく》26万《まん》トンにふえる予定《よてい》です。スーパーカミオカンデは過去《かこ》に，宇宙線《うちゅうせん》（宇宙《うちゅう》を飛《と》びかう放射線《ほうしゃせん》）由来《ゆらい》のニュートリノの観測《かんそく》によって，ノーベル賞《しょう》の受賞《じゅしょう》にも貢献《こうけん》しました。

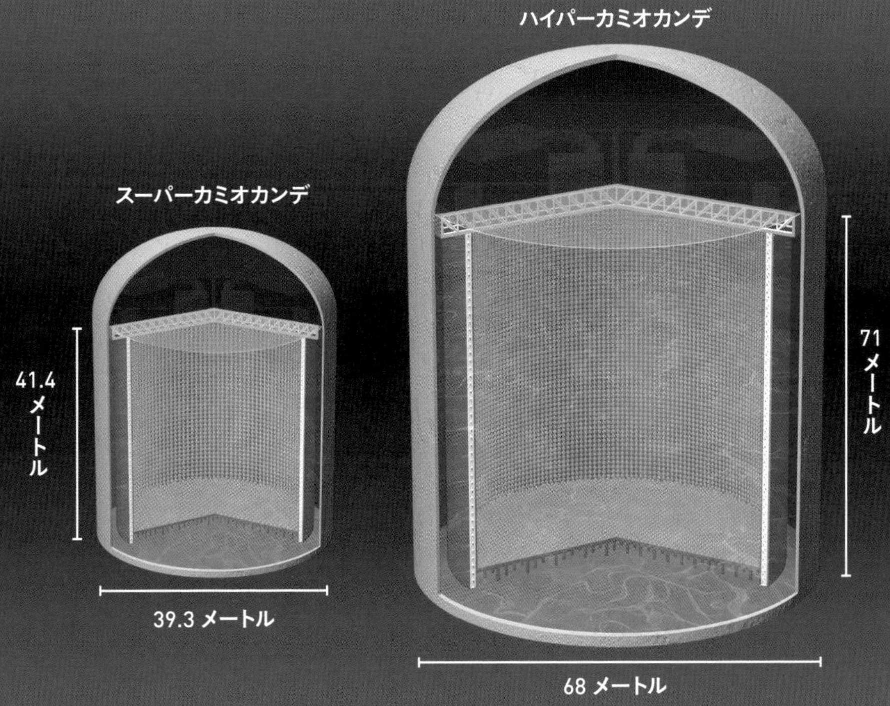

宇宙の未来を占う最新研究

超新星爆発《ちょうしんせいばくはつ》の観測《かんそく》で宇宙膨張《うちゅうぼうちょう》の歴史《れきし》をあばく

放《はな》たれた光《ひかり》の観測《かんそく》で，どう変化《へんか》したのかがわかる

ダークエネルギーがどのような性質《せいしつ》をもっているのかによって，宇宙《うちゅう》の未来《みらい》は左右《さゆう》されます（3章《しょう》）。ダークエネルギーの密度《みつど》が，時間《じかん》の経過《けいか》とともに変化《へんか》するのかどうかは，過去《かこ》の宇宙《うちゅう》がどのように膨張《ぼうちょう》してきたのかを調《しら》べればわかるはずだと考《かんが》えられています。**現在《げんざい》，主《おも》に三《みっ》つの観測方法《かんそくほうほう》による観測《かんそく》プロジェクトが進《すす》んでおり，宇宙膨張《うちゅうぼうちょう》の歴史《れきし》にせまろうとしています。**

一《ひと》つ目《め》が，「Ⅰa型超新星爆発《いちえーがたちょうしんせいばくはつ》」の観測《かんそく》です。1998年《ねん》に，宇宙《うちゅう》が加速膨張《かそくぼうちょう》していることをはじめて明《あき》らかにしたのもこの方法《ほうほう》でした。それ以前《いぜん》は，一般的《いっぱんてき》な物理《ぶつり》の法則《ほうそく》で考《かんが》えると，アクセルを踏《ふ》まないかぎり車《くるま》がだんだん減速《げんそく》していくのと同《おな》じで，宇宙《うちゅう》の膨張速度《ぼうちょうそくど》はやがて減速《げんそく》していくと考《かんが》えられていました。しかし，Ⅰa型超新星爆発《いちえーがたちょうしんせいばくはつ》の観測《かんそく》によって加速《かそく》していることがわかり，この加速《かそく》させているものが，ダークエネルギーではないかと考《かんが》えられるようになったのです。

Ⅰa型超新星爆発《いちえーがたちょうしんせいばくはつ》は，近《ちか》くの恒星《こうせい》（連星《れんせい》※）から白色矮星《はくしょくわいせい》に多量《たりょう》のガスが降《ふ》り注《そそ》いでおこる大爆発《だいばくはつ》です。そこから放《はな》たれる光《ひかり》の強《つよ》さはほぼ一定《いってい》で，これが観測《かんそく》のかぎをにぎります。地球《ちきゅう》から遠《とお》い天体《てんたい》ほど，地球《ちきゅう》に届《とど》くまでに光《ひかり》が弱《よわ》まり，暗《くら》く見《み》えます。そのため，Ⅰa《いちえー》型超新星爆発《がたちょうしんせいばくはつ》の光《ひかり》が地球《ちきゅう》に届《とど》くまでにどれだけ弱《よわ》くなっているのかがわかれば，その超新星爆発《ちょうしんせいばくはつ》がおきた銀河《ぎんが》までの距離《きょり》がわかります。

また，ドップラー効果《こうか》（40ページ）から，Ⅰa型超新星《いちえーがたちょうしんせい》が属《ぞく》する銀河《ぎんが》の後退速度《こうたいそくど》もわかり，そこから宇宙《うちゅう》の膨張速度《ぼうちょうそくど》を計算《けいさん》することができます。**つまり，Ⅰa型超《いちえーがたちょう》新星爆発《しんせいばくはつ》が出現《しゅつげん》した銀河《ぎんが》をたくさんみつけて，銀河《ぎんが》までの距離《きょり》と赤方偏移《せきほうへんい》（40ページ）を測定《そくてい》すれば，宇宙《うちゅう》の膨張《ぼうちょう》が時間《じかん》とともにどう変化《へんか》してきたのかがわかるのです。**

※：共通の重心のまわりを回転する二つの星。

Ⅰa型超新星爆発《いちえーがたちょうしんせいばくはつ》とは

これまでに紹介《しょうかい》してきた「太陽《たいよう》の8倍以上《ばいいじょう》の質量《しつりょう》の恒星《こうせい》でおきる超新星爆発《ちょうしんせいばくはつ》」とは，ちがうタイプの超新星爆発《ちょうしんせいばくはつ》です。白色矮星《はくしょくわいせい》と連星《れんせい》をなすもう片方《かたほう》の星《ほし》（伴《ばん》星《せい》）からガスが流入《りゅうにゅう》したり，白色矮星《はくしょくわいせい》どうしが合体《がったい》したりして質量《しつりょう》が大《おお》きくなると，白色矮星《はくしょくわいせい》の内部《ないぶ》の炭素《たんそ》や酸素《さんそ》が一気《いっき》に鉄《てつ》になる核融合反応《かくゆうごうはんのう》が暴走的《ぼうそうてき》におきて爆発《ばくはつ》します。

Ⅰa型超新星爆発《いちえーがたちょうしんせいばくはつ》のあとには，中性子星《ちゅうせいしせい》やブラックホールは残《のこ》らず，もとの白色矮星《はくしょくわいせい》も飛《と》び散《ち》って，星雲状《せいうんじょう》の超新星残骸《ちょうしんせいざんがい》のみが残《のこ》ります。

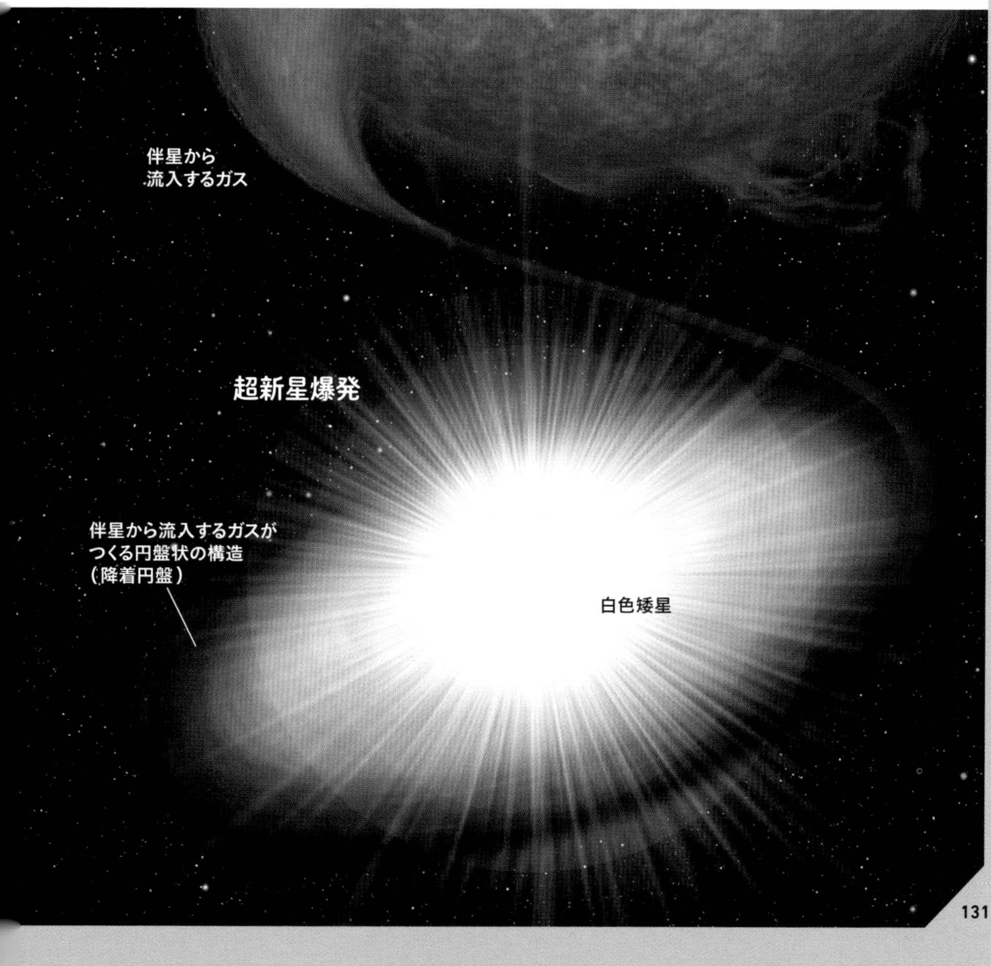

宇宙の未来を占う最新研究

銀河《ぎんが》の分布《ぶんぷ》が，宇宙《うちゅう》の歴史《れきし》や未来《みらい》の“ものさし”に

半径約《はんけいやく》5億光年《おくこうねん》に相当《そうとう》する波紋《はもん》のような構造《こうぞう》

ダークエネルギーの性質《せいしつ》にせまる二《ふた》つ目《め》の観測《かんそく》プロジェクトは，「バリオン音響振動《おんきょうしんどう》」の観測《かんそく》です。

誕生《たんじょう》から数分後《すうふんご》の宇宙《うちゅう》は，超高《ちょうこう》温《おん》かつ超高密度《ちょうこうみつど》の状態《じょうたい》で，光《ひかり》と電《でん》子《し》，原子核《げんしかく》などが混《ま》ざり合《あ》った，“ごった煮《に》”状態《じょうたい》だったと考《かんが》えられています。この“ごった煮《に》”の中《なか》に，領域《りょういき》によってわずかな密度《みつど》のむらがありました。

池《いけ》に石《いし》を投《な》げ入《い》れると水面に波《は》紋《もん》が広《ひろ》がっていくように，初期宇《しょきう》宙《ちゅう》の密度《みつど》のむら（＝池《いけ》の水面《すいめん》の高《こう》低差《ていさ》に相当《そうとう》）は，周囲《しゅうい》に密度《みつど》のゆらぎ（振動《しんどう》）を引《ひ》きおこして，それが波《なみ》として広《ひろ》がっていきます。この現象《げんしょう》を，「バリオン音響振動《おんきょうしんどう》」とよびます。

初期宇宙《しょきうちゅう》の密度《みつど》のむらは，のちに固定《こてい》され，現在《げんざい》では銀河《ぎんが》の分布《ぶんぷ》のかたよりとして残《のこ》っていると考《かんが》えられています。見《み》た目《め》でわかるようなかたよりではありませんが，統計的《とうけいてき》な解析《かいせき》を行《おこな》うと，銀河《ぎんが》がわずかに多《おお》く集《あつ》まっている領域《りょういき》が，半径約《はんけいやく》5億光年《おくこうねん》に相当《そうとう》する波紋《はもん》のような構造《こうぞう》としてあらわれるといいます。

この構造《こうぞう》を，宇宙《うちゅう》の“ものさし”として使《つか》うことができます。**地球《ちきゅう》から見《み》た“ものさし”の見《み》かけの長《なが》さをもとに，地球《ちきゅう》からの距離《きょり》が見積《みつ》もられるのです。**

こうして調《しら》べた距離《きょり》と，赤方偏《せきほうへん》移《い》（40ページ）の観測《かんそく》を合《あ》わせることで，ダークエネルギーの密度《みつど》がどう変化《へんか》してきたのかを知《し》ることができるのです。

銀河《ぎんが》の分布《ぶんぷ》に残《のこ》る“波紋《はもん》”の構造《こうぞう》のイメージ

誕生直後《たんじょうちょくご》の宇宙《うちゅう》にあった密度《みつど》のむらの痕跡《こんせき》が，現在《げんざい》の宇宙《うちゅう》に銀河《ぎんが》の密度《みつど》のむらとして残《のこ》っているイメージです。実際《じっさい》には見《み》ただけではわかりませんが，統計的《とうけいてき》な解析《かいせき》を行《おこな》うと，銀河《ぎんが》の密度《みつど》の高《たか》い領域《りょういき》を，現在《げんざい》の宇宙《うちゅう》で見《み》たときに半径約《はんけいやく》5億光年《おくこうねん》に相当《そうとう》する“波紋《はもん》”として確認《かくにん》できます。

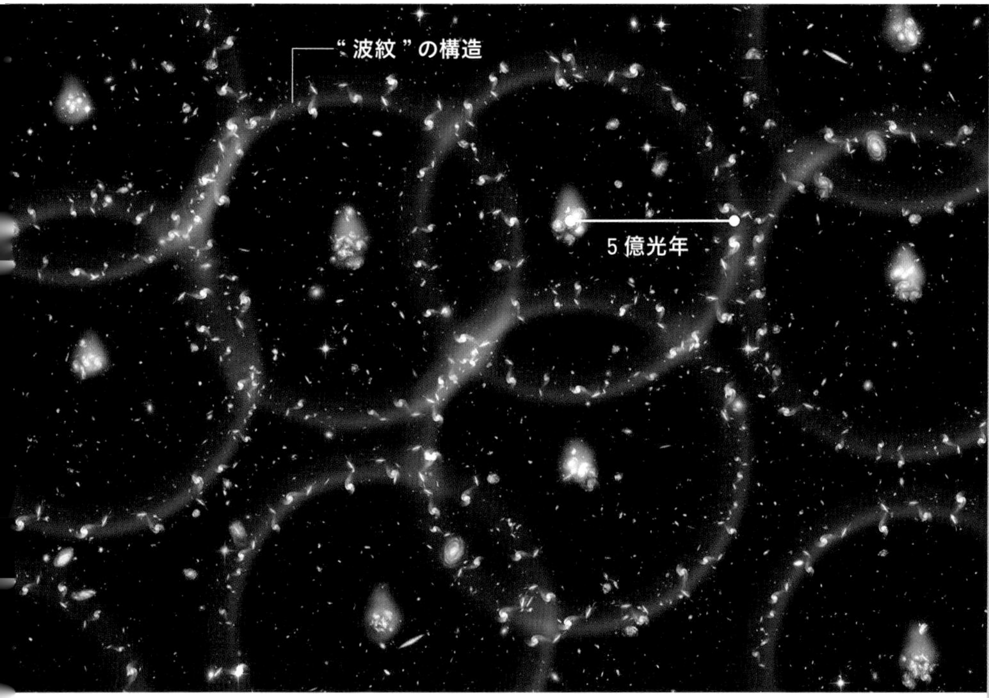

宇宙の未来を占う最新研究

銀《ぎん》河《が》のゆがみぐあいから ダークエネルギーにせまる

重力《じゅうりょく》によって，遠《とお》くの天体《てんたい》からの光《ひかり》が曲《ま》げられる

三《みっ》つ目《め》の，ダークエネルギーの性質《せいしつ》にせまるための観測《かんそく》プロジェクトは，「弱《よわ》い重力《じゅうりょく》レンズ効果《こうか》」の観測《かんそく》です。

地球《ちきゅう》と遠《とお》くの天体《てんたい》との間《あいだ》に質量《しつりょう》の大《おお》きい天体《てんたい》がある場合《ばあい》，質量《しつりょう》の大《おお》きい天体《てんたい》の重力《じゅうりょく》によって，遠《とお》くの天体《てんたい》からの光《ひかり》が曲《ま》げられます。すると，遠《とお》くの天体《てんたい》の像《ぞう》がゆがんで見《み》えたり，いくつにも分《わ》かれて見《み》えたりすることがあります。この現象《げんしょう》が，「重力《じゅうりょく》レンズ効果《こうか》」です。

天《あま》の川銀河《かわぎんが》ぐらいの大《おお》きさの銀《ぎん》河《が》が数十《すうじゅう》〜数百《すうひゃっ》個《こ》集《あつ》まってできた銀河団《ぎんがだん》は，「弱《よわ》い重力《じゅうりょく》レンズ効《こう》果《か》」をおこします。銀河団《ぎんがだん》の向《む》こう側《がわ》にある銀河《ぎんが》を地球《ちきゅう》から見《み》ると，銀河《ぎんが》の形《かたち》がわずかにゆがんで見《み》えるのです。

像《ぞう》がゆがんだ銀河《ぎんが》をたくさん観《かん》測《そく》して，ゆがみぐあいを調《しら》べると，重力《じゅうりょく》レンズ効果《こうか》をおこしている銀河団《ぎんがだん》の質量《しつりょう》を知《し》ることができます。この方法《ほうほう》でさまざまな距離《きょり》にある銀河団《ぎんがだん》の質量《しつりょう》を調《しら》べれば，宇《う》宙誕生《ちゅうたんじょう》から現在《げんざい》までの間《あいだ》に，どのように銀河団《ぎんがだん》が成長《せいちょう》してきたのかがわかります。

そしてその成長《せいちょう》のしかたは，時《じ》代《だい》ごとのダークエネルギーの密度《みつど》によって変《か》わるため，ここからダークエネルギーの性質《せいしつ》にせまることができるわけです。

遠《とお》くの銀河《ぎんが》の像《ぞう》をゆがめる重力《じゅうりょく》レンズ効果《こうか》

「Abell 370」という銀河団《ぎんがだん》をとらえた画像《がぞう》です。数百個《すうひゃっこ》の銀河《ぎんが》の中《なか》に円弧状《えんこじょう》の線《せん》がたくさん写《うつ》っており，これらの線《せん》は，はるか遠《とお》くにある銀河《ぎんが》の像《ぞう》が銀河団《ぎんがだん》の重力《じゅうりょく》でゆがめられたものです。このような像《ぞう》のゆがみを多数観測《たすうかんそく》し，分析《ぶんせき》すると，銀河団《ぎんがだん》の質量《しつりょう》を求《もと》めることができます。

宇宙の未来を占う最新研究

無数《むすう》の銀河《ぎんが》を観測中《かんそくちゅう》！ 日本《にほん》の『すばる望遠鏡《ぼうえんきょう》』

「大規模《だいきぼ》サーベイ観測《かんそく》」が進《すす》められている

ここまで，ダークエネルギーの性質《せいしつ》にせまる三《みっ》つの観測《かんそく》プロジェクトを紹介《しょうかい》しました（130～135ページ）。どの方法《ほうほう》も，さまざまな距離《きょり》にある銀河《ぎんが》を大《たい》量《りょう》に撮影《さつえい》して，それぞれの銀河《ぎんが》が放《はな》つ光《ひかり》の波長《はちょう》をくわしく調《しら》べる必《ひつ》要《よう》があります。**そこで，広《ひろ》い範囲《はんい》を一度《いちど》に撮影《さつえい》できる望遠鏡《ぼうえんきょう》や，何《なん》千個《せんこ》もの銀河《ぎんが》が放《はな》つ光《ひかり》を一度《いちど》に調《しら》べることができる観測装置《かんそくそうち》を使《つか》った「大規模《だいきぼ》サーベイ観測《かんそく》」が，世界《せかい》各国《かっこく》で進《すす》められています。**

その一《ひと》つが，ハワイにある日本《にほん》の「すばる望遠鏡《ぼうえんきょう》」を使《つか》った「SuMIRe《スミレ》（Subaru Measurement of Images and Redshifts）プロジェクト」です。

SuMIRe《スミレ》プロジェクトは，すばる望遠鏡《ぼうえんきょう》に搭載《とうさい》されている超広視《ちょうこうし》野《や》で超高感度《ちょうこうかんど》のカメラ「HSC（Hyper Suprime-Cam）」を使《つか》って10億個以上《おくこいじょう》の銀河《ぎんが》を撮影《さつえい》し，さらに「PFS（Prime Focus Spectrograph）」という新開発《しんかいはつ》の多天体分光器《たてんたいぶんこうき》を使《つか》うことで，100万個以上《まんこいじょう》の銀河《ぎんが》の赤方偏移《せきほうへんい》を精密《せいみつ》に測定《そくてい》しようという試《こころ》みです。

これまでに行《おこな》われた銀河《ぎんが》の大規《だいき》模《ぼ》サーベイ観測《かんそく》の例《れい》としては，アメリカ・アパッチポイント天文台《てんもんだい》の口径《こうけい》2.5メートル望遠鏡《ぼうえんきょう》を使《つか》った「SDSS-III BOSS」があります。このプロジェクトでは，約《やく》65億光《おくこう》年《ねん》より近《ちか》い距離《きょり》にある150万個《まんこ》の銀河《ぎんが》を観測《かんそく》しました。SuMIRe《スミレ》プロジェクトでは，約《やく》71億《おく》～111億《おく》光年先《こうねんさき》という，さらに遠《とお》くの暗《くら》い銀河《ぎんが》を大量《たいりょう》に調《しら》べます。

これまでの観測結果《かんそくけっか》によると，ダークエネルギーの密度《みつど》は時代《じだい》によらず一定《いってい》であるというモデルが，観測結果《かんそくけっか》に最《もっと》も合《あ》っているようにみえるそうです。しかし，今後《こんご》の理《り》論展開《ろんてんかい》で，ダークエネルギーの密《みつ》度《ど》は一定《いってい》ではないはずだ，という予《よ》測《そく》が成立《せいりつ》することもありえます。いずれにしろ，この観測《かんそく》で得《え》られるものは，ダークエネルギーにせまる重《じゅう》要《よう》なかぎとなるわけです。

すばる望遠鏡《ぼうえんきょう》の巨大《きょだい》カメラ HSC

口径《こうけい》8.2メートルの主鏡《しゅきょう》は下《した》の端《はし》にあり，上部《じょうぶ》のリングの中央《ちゅうおう》が光《ひかり》の集《あつ》まる主焦点《しゅしょうてん》です。ここに超広視野《ちょうこうしや》・超高感度《ちょうこうかんど》のCCDカメラ「HSC」が取《と》りつけられています。HSCを使《つか》った撮影《さつえい》は2014年《ねん》からはじまり，2020年《ねん》まで行《おこな》われました。2023年《ねん》には，PFSを使《つか》った大規模測定《だいきぼそくてい》がはじまる予定《よてい》です。

Column

コーヒーブレーク

二《ふた》つの数値《すうち》が一致《いっち》しない理由《りゆう》は?

ダークエネルギーの密度《みつど》と同《おな》じく，宇宙《うちゅう》の未来《みらい》にかかわる値《あたい》として近年注目《きんねんちゅうもく》されているのが，「ルメートル・ハッブルパラメータ」です。これは簡単《かんたん》にいうと，「銀河《ぎんが》が遠《とお》ざかる速度《そくど》から求《もと》められた，宇宙《うちゅう》の膨張率《ぼうちょうりつ》に相当《そうとう》する値《あたい》」のことです。

ルメートル・ハッブルパラメータのうち，現在《げんざい》の宇宙《うちゅう》の膨張速度《ぼうちょうそくど》のことを「ルメートル・ハッブル定数《ていすう》」といいます。大規模《だいきぼ》サーベイ観測《かんそく》から得《え》られたルメートル・ハッブル定数《ていすう》は，約《やく》73でした。これは，「銀河《ぎんが》までの距離《きょり》が326万光年《まんこうねん》遠《とお》くなるごとに，銀河《ぎんが》が遠《とお》ざかる速《はや》さが秒速《びょうそく》73キロメートルずつ増《ま》す」という意味《いみ》です。

ルメートル・ハッブル定数《ていすう》は，宇宙背景放射《うちゅうはいけいほうしゃ》（68ページ）を精密《せいみつ》に観測《かんそく》することでも求《もと》められます。ところが，ヨーロッパ宇宙機関《うちゅうきかん》（ESA）の宇宙背景放射観測衛星《うちゅうはいけいほうしゃかんそくえいせい》「プランク」の観測《かんそく》から見積《みつ》もられたルメートル・ハッブル定数《ていすう》は，約《やく》67でした。

大規模《だいきぼ》サーベイ観測《かんそく》もプランクも観測《かんそく》の精度《せいど》がとても高《たか》く，誤差《ごさ》はわずか数《すう》%といわれています。二《ふた》つの数値《すうち》の不一致《ふいっち》は，観測結果《かんそくけっか》が正《ただ》しいかどうかとは別《べつ》な事実《じじつ》を示唆《しさ》しているかもしれない，とも考《かんが》えられています。

もし，私《わたし》たちがまだ知《し》らない未知《みち》の粒子《りゅうし》が発見《はっけん》されれば，プランクの観測《かんそく》データから求《もと》めた67という値《あたい》は，変《か》わる可能性《かのうせい》があるといいます。その場合《ばあい》は，宇宙《うちゅう》の終《お》わりのシナリオもまた，変《か》わると考《かんが》えられています。

アメリカ・テキサス大学《だいがく》のホビー・エバリー望遠鏡《ぼうえんきょう》（口径《こうけい》10メートル）を使《つか》った銀河《ぎんが》サーベイプロジェクトHETDEX《ヘットデックス》（the Hobby-Eberly Telescope Dark Energy Experiment）では，SuMIRe《スミレ》プロジェクトよりさらに遠《とお》い104億光年《おくこうねん》〜121億光年先《おくこうねんさき》の銀河《ぎんが》を観測《かんそく》し，ダークエネルギーの密度《みつど》を調《しら》べるとともに，ルメートル・ハッブル定数《ていすう》の不一致問題《ふいっちもんだい》を解決《かいけつ》することをめざしています。

数値《すうち》の不一致《ふいっち》は，宇宙《うちゅう》モデルのまちがいか？

大規模《だいきぼ》サーベイ観測《かんそく》から得《え》られたルメートル・ハッブル定数《ていすう》は約《やく》73，宇宙背景放射《うちゅうはいけいほうしゃ》の観測《かんそく》から見積《みつ》もられたルメートル・ハッブル定《てい》数《すう》は約《やく》67でした。二《ふた》つの数値《すうち》が一《いっ》致《ち》しないことは，観測結果《かんそくけっか》が正《ただ》しいかどうかとは別《べつ》に，私《わたし》たちが現在仮定《げんざいかてい》している宇宙《うちゅう》モデル自体《じたい》に，まちがいのある可能性《かのうせい》があることを示唆《しさ》しています。

おわりに

これで「宇宙《うちゅう》の終《お》わり」はおわりです。いかがでしたか。

1000億年後《おくねんご》，10兆年後《ちょうねんご》など，果《は》てしない未来《みらい》の話《はなし》が展開《てんかい》しました。宇宙《うちゅう》からブラックホールが消滅《しょうめつ》してしまうのは，「10^{100}年《ねん》後以降《ごいこう》」だそうです！　現代《げんだい》の科学力《かがくりょく》を駆使《くし》すれば，こんな途《と》方《ほう》もない先《さき》のことまで予想《よそう》できるのですから，おどろきですよね。

今《いま》，私《わたし》たちが存在《そんざい》する宇宙《うちゅう》は，138億年前《おくねんまえ》に誕生《たんじょう》したと考《かんが》えられています。とてつもなく長《なが》い年月《ねんげつ》に思《おも》えますが，実《じつ》は宇宙《うちゅう》の歴史《れきし》は，はじまったばかりだったのです。

太陽《たいよう》の寿命《じゅみょう》は，およそ100億年《おくねん》といわれています。すべての星《ほし》が燃《も》えつきるのは10兆年後《ちょうねんご》ですから，それとくらべると，太陽《たいよう》系《けい》の寿命《じゅみょう》もまた，短《みじか》いものだといえるのかもしれません……。

この本《ほん》が，壮大《そうだい》な宇宙《うちゅう》の一生《いっしょう》について考《かんが》え，興味《きょうみ》を深《ふか》めるきっかけになりましたら，とてもうれしく思《おも》います。

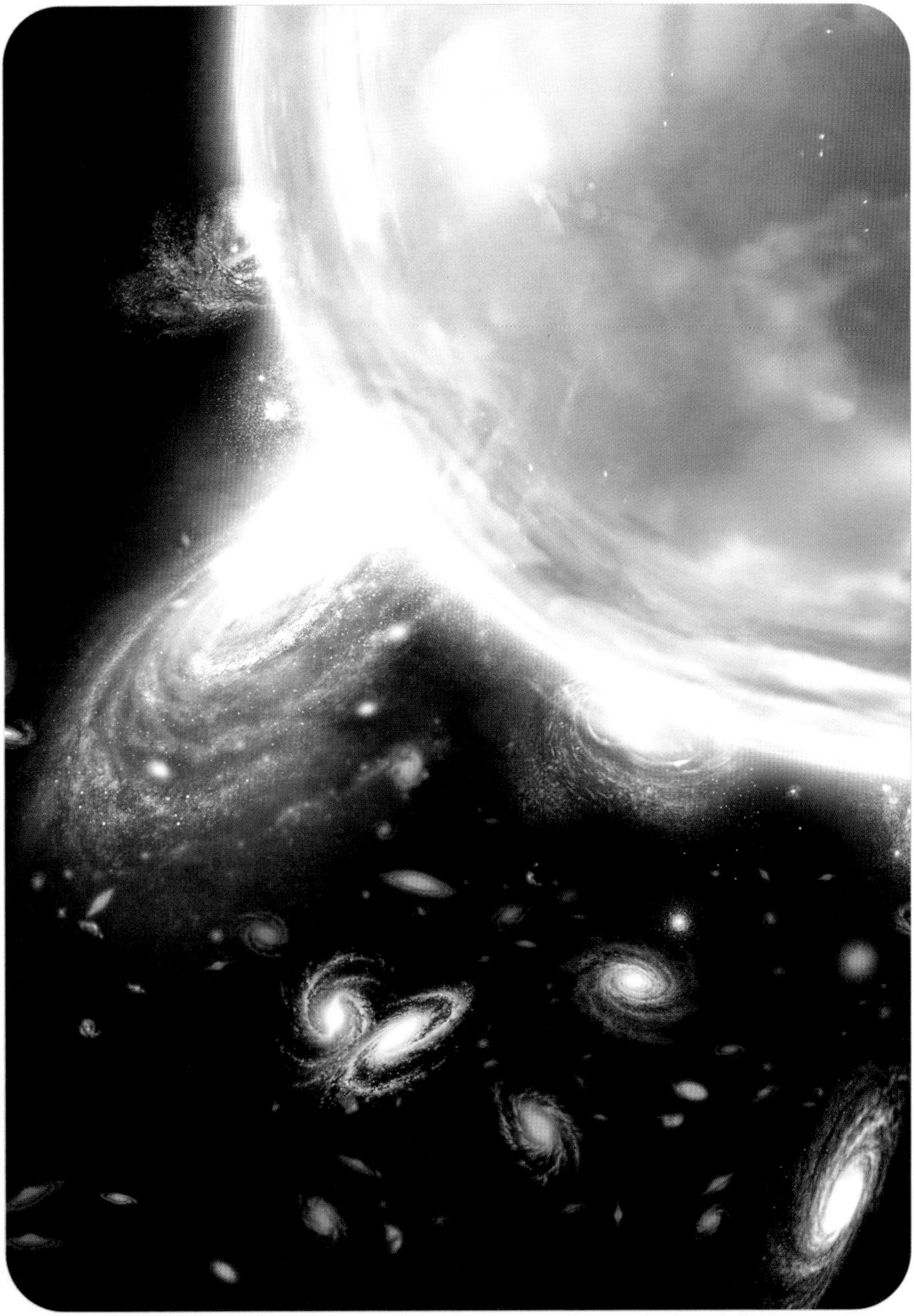

歴史《れきし》をさかのぼって、
宇宙《うちゅう》の誕生《たんじょう》にせまる

灼熱《しゃくねつ》の宇宙《うちゅう》
「ビッグバン」と
宇宙《うちゅう》の急膨張《きゅうぼうちょう》

量子論《りょうしろん》が解《と》き明《あ》かす、
はじまりの瞬間《しゅんかん》

—— 目次《もくじ》（抜粋《ばっすい》）——

Staff

Editorial Management	中村真哉
Cover Design	秋廣翔子
Design Format	宮川愛理
Editorial Staff	上月隆志，佐藤貴美子

Photograph

28	hosiya/stock.adobe.com
133	Zosia Rostomian, Lawrence Berkeley National Laboratory
135	NASA, ESA, and J. Lotz and the HFF Team (STScI)
137	HSC-SSP/国立天文台

Illustration

表紙カバー	Newton Press
表紙	Newton Press
2	Newton Press
7〜9	Newton Press
10-11	Newton Press，飛田 敏，吉原成行
13〜21	Newton Press
23〜27	Newton Press
29	飛田 敏
30〜35	Newton Press
37〜39	Newton Press
41〜43	Newton Press
45〜55	Newton Press
57〜75	Newton Press
77	Newton Press，飛田 敏
78-79	飛田 敏
80〜83	Newton Press
84-85	吉原成行
86〜91	Newton Press
92〜95	飛田 敏
97	Newton Press
99〜101	Newton Press
103〜105	Newton Press
106-107	小林 稔
108-109	Newton Press
111	Newton Press
112-113	矢田 明
115〜119	Newton Press
121	高島達明
122〜125	Newton Press
127	Newton Press
129	Newton Press
131	Newton Press
138-139	Newton Press
141	Newton Press

本書は主に，ニュートンライト2.0『宇宙の終わり』，ニュートン別冊『宇宙の終わり 誕生から終焉までのビッグヒストリー』，ニュートン別冊『ゼロからわかる宇宙論改訂第2版』，『ニュートン式超図解 最強にわかる!!宇宙の終わり』，Newton2020年2月号『宇宙の終わり』の一部記事を抜粋し，大幅に加筆・再編集したものです。

初出記事へのご協力者（敬称略）：
柏川伸成（東京大学理学系研究科天文学専攻教授）
小松英一郎（ドイツ，マックス・プランク宇宙物理学研究所所長）
桜井 弘（京都薬科大学名誉教授）
佐藤勝彦（東京大学名誉教授）
塩澤眞人（東京大学宇宙線研究所神岡宇宙素粒子研究施設教授）
嶋作一大（東京大学大学院理学系研究科天文学専攻准教授）
杉山 直（名古屋大学総長）
谷口義明（放送大学特任教授）
野本憲一（東京大学国際高等研究所カブリ数物連携宇宙研究機構［Kavli IPMU］上級科学研究員）
橋本幸士（京都大学大学院理学研究科 教授）
松原隆彦（高エネルギー加速器研究機構素粒子原子核研究所教授）
村山 斉（東京大学国際高等研究所カブリ数物連携宇宙研究機構［Kavli IPMU］教授）
森 正夫（筑波大学大学院数理物質科学研究科物理学専攻准教授）
横山順一（東京大学大学院理学系研究科附属ビッグバン宇宙国際研究センター教授）

超《ちょう》絵《え》解《かい》本《ぼん》
星《ほし》も銀河《ぎんが》も永遠《えいえん》ではない
絵《え》と図《ず》でよくわかる宇宙《うちゅう》の終《お》わり

2023年7月25日発行

発行人　高森康雄
編集人　中村真哉
発行所　株式会社 ニュートンプレス
〒112-0012東京都文京区大塚3-11-6
https://www.newtonpress.co.jp

ISBN978-4-315-52720-9